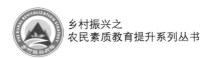

乡村振兴之
农民素质教育提升系列丛书

YANG BING ZHEN DUAN

羊病诊断与防治彩色图谱

YU FANGZHI CAISE TUPU ◎ 刘炜 何晓中 主编

U0348317

中国农业科学技术出版社

图书在版编目（CIP）数据

羊病诊断与防治彩色图谱 / 刘炜，何晓中主编 . —北京：中国农业科学技术出版社，2019. 7

乡村振兴之农民素质教育提升系列丛书

ISBN 978-7-5116-4119-9

Ⅰ . ①羊… Ⅱ . ①刘… ②何… Ⅲ . ①羊病—诊断—图谱 ①羊病—防治—图谱 Ⅳ.①S858.26-64

中国版本图书馆 CIP 数据核字（2019）第 060778 号

责任编辑	徐　毅	
责任校对	贾海霞	
出 版 者	中国农业科学技术出版社	
	北京市中关村南大街12号　　邮编：100081	
电　　话	（010）82106631（编辑室）　（010）82109702（发行部）	
	（010）82109709（读者服务部）	
传　　真	（010）82106631	
网　　址	http://www.castp.cn	
经 销 者	全国各地新华书店	
印 刷 者	北京建宏印刷有限公司	
开　　本	880mm×1 230mm　1/32	
印　　张	3.75	
字　　数	115千字	
版　　次	2019年7月第1版　2020年7月第3次印刷	
定　　价	30.00元	

《羊病诊断与防治彩色图谱》

编委会

主　编　刘　炜　何晓中

副主编　周　瑾　韩　露

编　委　谢　峰　丁　毅

　　　　毕文平　包雨鑫

　　近年来，中国畜禽养殖业发展迅速，肉蛋奶等主要畜产品产量稳步增加，对提高人民生活水平发挥着越来越重要的作用。与此同时，畜禽疾病的发生日益严重。畜禽疾病种类不仅复杂多样，并呈现混合感染和多重感染等特点，已成为阻碍我国畜禽业发展的重要威胁。积极预防和有针对性地开展治疗，从而降低疾病的发生率，是我国畜禽养殖业健康、稳定、持续发展的迫切需要。为了帮助畜禽养殖者在实际生产中对疾病作出快速、准确的诊断，编者在吸取以往疾病诊治经验的基础上，结合当前的疾病情况，组织编写了一套《畜禽疾病诊治彩色图谱》。

　　本书为《羊病诊断与防治彩色图谱》，从羊的病毒性病、羊的细菌性病、羊的寄生虫病、羊的普通疾病4类中，选取了46种常见病。每种疾病，以文字结合彩色图片的方式，直观展示了该病的临床症状和病理变化，并提出了诊断和防治方法。语言通俗、篇幅适中、图片清晰、科学实用，可供养羊户、基层畜牧工作者等人员参考学习。

需要注意的是，本书所用药物及其使用剂量仅供读者参考，不可照搬。在生产实际中，所用药物学名、常用名和实际商品名称有差异，药物浓度也有所不同，建议读者在使用每一种药物之前，参阅产品说明以确认药物用量、用药方法、用药时间及禁忌等。

　　由于编写时间和水平有限，书中难免存在不足之处，欢迎广大读者批评指正！

编　者

2019年2月

CONTENTS 目 录

第一章
羊的病毒性疾病

一、口蹄疫

（一）流行特点

口蹄疫俗称"口疮"，是由口蹄疫病毒引起的偶蹄动物的一种急性、发热性、高度接触性的病毒性传染病，该病传播迅速、传染性高、感染率高，短时间内可造成大面积流行，故我国将其列为一类传染病。

患病羊是本病的传染源，不同年龄不同品种的羊均易感。病毒随分泌物和排泄物排出，主要以畜产品，饲料、草场、饮水和水源，交通运输工具，饲料管理工具，畜禽混牧、接触和人员来往为传播途径。在自然环境情况下，易感动物通常经消化道感染，动物各部位的皮肤和黏膜受到损伤也可以造成病毒侵入，空气也是口蹄疫重要的传播途径，口蹄疫是一种传染性极强的传染病，流行迅速，传播快，疫情一旦发生，可随畜禽的迁徙，例如，放牧、畜禽转移和买卖、畜禽运输等扩散和蔓延。本病的发生没有严格的季节性，但流行却有明显季节规律，以冬、春季较易发生流行。

（二）临床症状

绵羊常成群发病，多数只在短时间内出现1次，症状轻微，有时不易被察觉。仔细检查时可见唇和颊部有米粒大小的水疱。山羊患病也较轻微，症状和绵羊相同，偶尔也可见到严重病例。奶山羊口蹄疫常出现典型口蹄疫症状（图1-1、图1-2）。

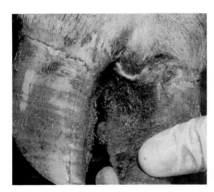

图1-1　蹄冠部有水泡破裂　　　　图1-2　口腔黏膜潮红

（三）病理变化

口蹄疫的症状在羊身上表现得较轻，一般在病羊的口腔黏膜、阴道、蹄部和乳房部位出现小水疱和烂斑，严重时，也有烂斑和溃疡出现于气管、支气管、咽喉和前胃黏膜，心包膜有散在出血点，前胃和大、小肠黏膜可见出血性炎症，心肌切面呈淡黄色或灰白色斑点或条纹，一般称为"虎斑心"，且心肌松软（图1-3、图1-4）。

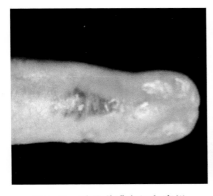

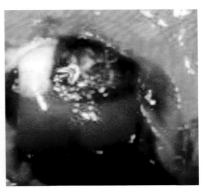

图1-3　舌面黏膜有红色糜烂　　　图1-4　心肌坏死呈虎斑心

（四）诊断方法

本病根据流行病学及临床症状不难作出诊断，但应注意与羊传染性脓包病、羊痘、蓝舌病等进行鉴别诊断，必要时，可采取病羊水疱皮或水疱液、血清等送实验室进行确诊。

（五）防治方法

（1）疫苗注射。常发生口蹄疫的地区，应根据发生口蹄疫的类型，每年对所有羊只注射相应的口蹄疫疫苗，包括弱毒疫苗、灭活疫苗。

（2）彻底消毒。采用2%～4%烧碱液、10%石灰乳、0.2%～0.5%过氧乙酸等进行消毒。

（3）紧急预防措施。坚持"早发现，严封锁，小范围内及时扑灭"的原则，对未发病的家畜进行紧急预防接种。

（4）发生疫情应立即上报。实行严密的隔离、治疗、封闭、消毒，限期消灭疫情。将病畜隔离治疗，对养殖点进行封锁隔离，并进行全面彻底消毒，病死畜及其污染物一律深埋，并彻底消毒。

二、绵羊痘

（一）流行特点

绵羊痘是绵羊的一种急性、热性、接触性传染病，由绵羊痘病毒引起，以皮肤、黏膜和内脏发生痘疹为特征。绵羊痘以冬末、春初多发，常呈地方性流行。在自然条件下，绵羊痘仅发生于绵羊，羔羊易感，而且发病率、病死率高。妊娠母羊可发生流产。病羊和带毒羊为主要传染源，主要通过呼吸道传播，也可经损伤的皮肤、黏膜感染（图1-5）。

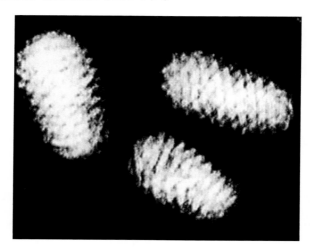

图1-5　显微镜下的绵羊痘病毒

（二）临床症状

病程为3～4周。流行初期只有个别羊发病，以后逐渐蔓延至全群。病羊体温升高（41～42℃），食欲减退，眼睑肿胀，眼、鼻有浆液性或黏液性分泌物。经1～4天后出现痘疹，起初发生在全身无毛或少毛部位，以后有毛的体部也受到侵害。典型绵羊痘一般要经红斑期（皮肤、黏膜出现红斑）、丘疹期（红斑发展成坚硬的小结节）、结痂期（痘疹坏死、干燥结痂）和脱痂期（痂皮脱落，遗留红色或白色瘢痕，之后痊愈）。非典型病例常发展到丘疹期而终止，呈"顿挫型"经过。如继发感染，常出现脓疱或坏疽，发出恶臭（图1-6、图1-7）。

图1-6　皮肤痘疹　　　　　　　图1-7　舌痘疹

（三）病理变化

痘疹主要发生在皮肤，其病变实质是表皮的增生、变性和坏死以及真皮的炎症变化。初期痘疹表现为绿豆至豌豆大的圆形红斑，继而转变成直径为0.5～1cm的丘疹，稍突出于皮肤表面，颜色由深红色逐渐变为灰白色或灰黄色，周围有红晕，之后多经坏死、结痂和表皮再生而愈合。镜检时真皮呈典型的浆液性炎症变化，表现为充血、出血、水肿、炎性细胞浸润以及血管炎和血栓形成，巨噬细胞增多并可见嗜酸性包涵体。表皮增生变厚，细胞质中也有包涵体。除皮肤外，痘疹还见于口腔、鼻腔、喉头、气管、前胃和皱胃等处黏膜。

肺脏也是绵羊痘的常发部位，病变主要在膈叶，呈结节状、大小不等，散在分布。肺病变常位于肺胸膜下，多为圆形，呈灰白色或灰红色。镜下可见肺泡上皮和间叶细胞明显增生（图1-8）。

图1-8　肺表面有灰白色痘疹

（四）诊断方法

典型绵羊痘根据皮肤黏膜和肺脏的痘疹病变，结合体温升高和先少后多的流行特点一般可以确诊，非典型病例则须进行实验室检查。本病应与传染性脓疱、螨病相区别。但传染性脓疱的病变主要发生于口、唇部（蹄型和外阴型病例少见），厚痂和其下肉芽组织增生明显。螨病主要发生于寒冷季节，皮肤病变部痂皮、脱毛明显，有奇痒感。

（五）防治方法

1. 预防

定期注射绵羊痘活疫苗，每只羊0.5mL，尾根内侧或股内侧皮内注射，免疫期1年。严禁从疫区引进羊只或购入羊肉、羊毛等产品。发生疫情时，划区封锁，隔离病羊，彻底消毒环境，病死羊尸体要深埋。对疫区和受威胁区未发病羊实施紧急免疫接种。

2. 治疗

本病目前尚无特效治疗药物，常采用对症治疗等综合性措施。痘疹用2%来苏儿溶液冲洗，并涂布抗菌药物软膏。或皮肤痘疹用5%碘酊或龙胆紫药水、黏膜痘疹用0.1%高锰酸钾溶液冲洗后，涂抹龙胆紫药水或碘甘油。如有继发感染，肌内注射青霉素80万~160万单位，每日1~2次，或用10%磺胺嘧啶钠注射液10~20mL，肌内注射1~3次。有条件的还可用免疫血清治疗，每只羊皮下注射10~20mL。如用康复羊血清，预防量成年羊每只皮下注射5~10mL，小羊2.5~5mL，治疗量加倍。

三、山羊痘

（一）流行特点

山羊痘由山羊痘病毒引起，病毒核酸为DNA。在自然条件下本病较为少见，仅感染山羊，同群绵羊不受传染。

（二）临床症状

山羊痘病分前驱期、发痘期、结痂期。病初体温升高，达41~42℃，呼吸加快，结膜潮红肿胀，流黏液脓性鼻汁。经1~4天后进入发痘期。痘疹多见于无毛部或被毛稀少部位，如眼睑、嘴唇、鼻部、腋下、尾根以公羊阴鞘、母羊阴唇等处，先呈红斑，1~2天后形成丘疹，突出皮肤表面，随后形成水疱，此时体温略有下降，再经2~3天后，由于白细胞集聚，水疱变为脓疱，此时体温再度上升，一般持续2～3天。在发痘过程中，如没有其他病菌继发感染，脓疱破溃后逐渐干燥，形成痂皮，即为结痂期，痂皮脱落后痊愈（图1-9、图1-10）。

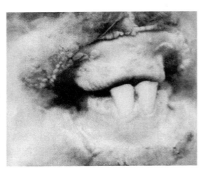

图1-9　嘴唇上发生痘疹　　　　图1-10　口腔黏膜上发生痘疹

（三）病理变化

该病在咽喉、气管、肺和第四胃等部位出现痘疹。在消化道的嘴唇、食道、胃肠等黏膜上出现大小不同的扁平的灰白色痘疹，其中，有些表面破溃形成糜烂和溃疡，特别是唇黏膜与胃黏膜表面更明显。但气管黏膜及其他实质器官，如心脏、肾脏等黏膜或包膜下则形成灰白色扁平或半球形的结节，特别是肺的病变与腺瘤很相似，多发生在肺的表面，切面质地均匀，但很坚硬，数量不定，性状则一致。在这种病灶的周围有时可见充血和水肿等。

（四）诊断方法

据典型临床症状和病理变化可作出初步诊断，确诊需进一步做实验室诊断。

（五）防治方法

山羊痘以往是用绵羊痘鸡胚化弱毒苗进行免疫接种，但现已研制出山羊痘活疫苗，并用于临床预防，每只羊0.5mL，股内侧或尾根内侧皮内注射，免疫期1年。其他防治措施参考绵羊痘的防治。

四、小反刍兽疫

（一）流行特点

羊小反刍兽疫俗称羊瘟，羊小反刍兽疫是由小反刍兽疫病毒引起的，以发热、口炎、腹泻、肺炎为特征的急性接触性传染病。

绵羊和山羊比较容易感染。另外，自然环境下的野鹿和野猪等生物也会感染，只是临床症状反应不是那么明显，整体呈现出隐性感染。携带病毒的宿主动物和带毒动物是该病的主要传染源，带毒动物的排泄物、唾液以及带毒动物使用过的器具、饮用水等也会成为传染源。该病主要通过直接或间接接触传播，感染途径以呼吸道传染为主。羊的小反刍兽疫无明显的季节性，一年当中均会发病，若养殖环境寒冷干燥或潮湿多雨，发病概率比较高。

（二）临床症状

通常情况下，羊的小反刍兽疫潜伏期为3～8天，临床表现多为急性，病羊的体温将急剧升高至41℃以上。患病初期，羊精神不振，食欲下降。随着时间的推移，病羊的病情会加重，眼部出现分泌物，遮住眼睑，并出现结膜炎的临床症状；中期齿龈充血，口腔黏膜溃疡，大量流涎，随后出现坏死性病灶，感染部位在下唇、下齿龈等处；严重病例迅速扩展到齿垫、硬腭、颊部、舌及乳头等部位，坏死组织脱落形成不规则的浅糜烂斑。鼻部出现黏性脓性卡他性鼻液，致使病羊呼吸困难，鼻黏膜出现溃烂甚至随时间推移而坏死。若病羊是怀孕母羊那么则可能出现流产现象。后期多数病羊出现血水样腹泻，造成迅速脱水和消瘦，体温开始下降，伴有咳嗽、胸部啰音及腹式呼吸等（图1-11至图1-14）。

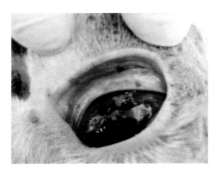

图1-11　眼结膜充血

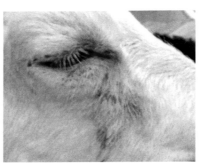

图1-12　眼睑流泪

图1-13　流黏液性鼻液

图1-14　病羊精神不振

（三）病理变化

眼结膜炎；鼻腔、口腔黏膜糜烂坏死；鼻甲、喉、气管等处有出血斑，气管内有黏脓性或多泡性分泌物，常见支气管肺炎，肺的心叶和尖叶有肺炎灶；咽、喉和食道有条状糜烂；盲肠、结肠近端和直肠出现特征性条状充血、出血，呈斑马状条纹；脾脏充血、肿大甚至坏死；淋巴结特别是肠系膜淋巴结充血、肿大；有时会出现胸膜炎和胸腔积水（图1-15、图1-16）。

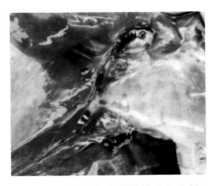 

图1-15　气管内有黏脓性或多泡性　　图1-16　结肠出现斑马状条纹
　　　　　分泌物

（四）诊断方法

根据患病羊只的临床症状和病理变化可初步性诊断，如要确诊需进行实验室诊断。

（1）血清学检测方法。抗体检测可采用竞争酶联免疫吸附试验（竞争ELISA）和间接酶联免疫吸附试验（间接ELISA）。

（2）病原学检测方法。病毒检测可采用琼脂凝胶免疫扩散、抗原捕获酶联免疫吸附试验、实时荧光反转录聚合酶链式反应、普通反转录聚合酶链式反应，对PCR产物进行核酸序列测定可进行病毒分型。

（五）防治方法

（1）饲养管理。坚持"自养自繁"的科学养殖原则，能够最大化地防止羊小反刍兽疫的出现，最好不要从疫病高发区引进种羊或购买饲料。制定相应的规章，要求定期对羊舍、养殖场周边和喂食栏等固定场地进行彻底消毒。

（2）免疫接种。在羊小反刍兽疫出现大面积发生和流行的情况下，仅仅依靠封锁与扑杀不可能达到预期的防控效果，此时就要考虑使用疫苗进行免疫接种。使用小反刍兽疫活疫苗以1mL/头的剂量对1月龄以上羊只进行皮下注射。

（3）检验检疫。引进的羊应从非疫区引入，并严格按照《动物检疫管理办法》等相关法律法规对羊进行产地检疫，隔离饲养30天以上，临床和血清学检查确认健康无病，方可混群饲养，不合格的羊按照规定进行处理。严禁从存在小反刍兽疫疫情的国家或地区引进活体牲畜、精液、胚胎、卵及畜产品等。

（4）疫病隔离。一旦出现羊小反刍兽疫，必须及时上报，根据相关规定做好疫病防控管理和应急处理工作。发现病羊应该立即将其隔离，若疫情已经扩散，则应该做好养殖户的思想工作，扩大封锁范围，随时做好全面扑杀的准备，进而防止疫情进一步扩散。

五、狂犬病

（一）流行特点

狂犬病俗称"疯狗病"，是由狂犬病病毒引起人兽共患的一种急性接触性传染病。本病的特征是动物狂暴不安和意识紊乱，终因麻痹而死亡。

羊、犬、人等均可感染发病，呈散发。病犬或野生带毒肉食兽（野犬、狼、狐等）是主要传染源。病犬或其他患病动物的咬伤是主要传播途径，因唾液中的病毒可进入体内。受损的皮肤、黏膜以及呼吸道和消化道也可传播病毒。

（二）临床症状

病羊可表现兴奋、狂暴不安，有攻击行为，或明显沉郁，咽喉麻痹，吞咽困难，流涎张口，最终麻痹衰竭死亡（图1-17、图1-18）。

图1-17　病羊带有攻击行为　　　　图1-18　病羊精神明显沉郁

（三）病理变化

尸体除消瘦并常有外伤外，无其他特异变化。剖检病死羊的病变，可见到咽部黏膜充血，胃内空虚，只有少量青草、沙土等；胃底、幽门区及十二指肠黏膜充血、出血。肺脏严重出血；肝、肾、脾、气管充血；胆囊肿大、充满胆汁；脑实质水肿、出血等（图1-19、图1-20）。

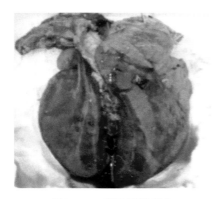

图1-19　肺脏严重出血

图1-20　气管出血

（四）诊断方法

根据病羊狂暴、攻击性症状和被狂犬病病畜咬伤史，一般可作出诊断。大脑海马角、小脑触片或组织切片检查神经细胞胞质包涵体，或用荧光抗体法检查病毒抗原等可进一步确诊。

（五）防治方法

1. 预防

扑杀野狗和没有免疫的狗；养狗必须登记注册，进行免疫接种；疫区与受威胁区的羊和易感动物接种弱毒疫苗或灭菌苗。

2. 治疗

羊和家畜被患有狂犬病或可疑的动物咬伤时，应及时用清水或肥皂水冲洗伤口，再用0.1%升汞、碘酒或硝酸银等处理伤口，并立即接种狂犬病疫苗；也可用免疫进行治疗。对被狂犬咬伤的羊和家畜一般应予扑杀，以免为害于人。

六、痒病

（一）流行特点

羊的痒病是由羊痒病病毒在绵羊和山羊体内相互作用引起的一种中枢神经系统渐进性退化的传染性海绵状脑病。流行特点不同性别、品种的羊均可发生痒病，但品种间存在着明显的易感性差异，如英国萨福克种绵羊更为敏感。痒病具有明显的家族史，在品种内某些受感染的谱系发病率高。一般发生于2～5岁的绵羊，以3岁多的羊发病率最高，5岁以上的羊和1岁半以下的羊通常不发病。患病羊或潜伏期感染羊为主要传染源。该病可经口感染。也可因体表伤口被含朊病毒的胎盘或体液感染而发病。该病可在无关联羊间水平传播，患羊不仅可以通过接触将病原传给绵羊或山羊，也可垂直传播给后代。健康羊群长期放牧于污染的牧地（被病羊胎膜污染）也可引起感染发病。该病通常呈散发性流行，传播缓慢，感染羊群内通常只有少数羊发病，但一旦被感染，很难根除，几乎每年都有少数的患羊死于该病。

（二）临床症状

该病潜伏期较长，自然感染潜伏期1～3年或更长。因此，1岁以下的羊极少出现临床症状。发病大多是不知不觉的，病初表现沉郁、敏感、易惊、癫痫等，或表现过度兴奋、抬头、竖耳、眼凝视。有些病羊表现有攻击性或离群呆立，不愿采食；有些病羊较容易兴奋，头颈抬起，眼凝视或目光呆滞。随着病情的发展，共济失调逐渐严重，大多数病例通常呈现行为异常、瘙痒、运动失调及痴呆等症状，腹肋部以及头颈部肌肉发生频繁震颤，瘙痒症状有时很轻微以至于观察不到。触摸病羊可反射地刺激其伸颈、摆头、咬唇和舔舌的动作。严重时，患病羊皮肤脱毛、破损甚至撕脱。病羊不断摩擦其背部、体侧、臀部和头部，一些病羊还用其后肢搔抓胸侧、腹侧和头部，并常常自咬其瘙痒的皮肤，或在墙壁、栅栏、树干等物体上摩擦皮肤，致使被毛大量脱落，皮肤红肿发炎甚至破溃出血，致使颈部、体侧、背部和荐部等大面积的皮肤出现秃毛区。病羊体温一般不高，食欲正常，但日渐消瘦，体重明显下降，视力丧失，常不能跳跃，遇沟坡、土堆等障碍时，反复跌倒或卧地不起。病程从几周到几个月，甚至1年以上，少数病例为急性经过，患病数日即突然死亡。病死率高，几乎达100%，所有病羊终归死亡。

（三）病理变化

剖检病死羊尸体，除见皮肤损伤、被毛脱落和尸体消瘦外，常无肉眼可见的病理变化。最为突出的组织病理学变化则表现为中枢神经系统的海绵样变性，自然感染的病羊以中枢神经系统神经元的空泡变性和星状胶质细胞肥大增生为特征，病变通常是非炎症性的，且两侧对称。大量的神经元发生空泡化，胞质内出现10个或多个空泡，呈圆形或卵圆形，界限明显，胞核常被挤压于一侧甚至消失。神经元空泡化主要见于延脑、脑桥、中脑和脊髓。星状细胞肥大增生呈弥漫性或局灶性。多见于脑的灰质和小脑皮质内。大脑皮层常无明显的变化。

（四）诊断方法

临床症状的显著特点是瘙痒、不安和运动失调，但体温不升高，结合流行病学分析（如由疫区购进种羊或患病动物父母代有痒病病史等），一般可作出诊断，确诊通常进行痒病相关纤维检查、组织病理学检查以及异常朊病毒蛋白的免疫学检测等实验室检验，必要时，可做动物接种试验（图1-21）。

图1-21　病羊在绳索下摩擦发痒的背部皮肤

（五）防治方法

羊的痒病具有特别长的潜伏期和病程，因此，采用消毒、隔离等一般性预防措施作用不大。此外，又由于朊病毒的特殊稳定性，目前尚无有效疫苗可预防该病，也无任何药物可对其进行治疗。

在生产中可从以下几个方面进行防控。

（1）坚持自繁自养。坚决不从有痒病病史的国家和地区引进种羊以及羊胚胎等羊产品是预防该病的根本措施。引进动物时，严格口岸检疫，引入羊在检疫隔离期间发现痒病应全部扑杀、销毁，并进行彻底消毒，以除后患。此外，不得从有痒病病史国家和地区购入含反刍动物蛋白的饲料。

（2）无痒病病史的地区发生痒病，应立即上报，同时，采取扑杀、隔离、封锁、消毒等措施，并进行疫情监测。

（3）目前尚无有效的免疫和治疗措施。常用的消毒方法有：5%～10%氢氧化钠溶液作用1小时；0.5%～1.0%次氯酸钠溶液作用2小时。

七、绵羊肺腺瘤病

（一）流行特点

绵羊肺腺瘤病是绵羊的一种慢性、进行性、接触传染性的肺脏肿瘤性疾病，该病潜伏期长，病死率高，生前诊断很困难。

该病发生于绵羊，各品种和不同年龄、性别的绵羊均可发病，但以美利奴羊易感性最高，并且多发生于4岁以上的成年绵羊，在特殊情况下，也可发生于2～3月龄的羊。病羊是该病的传染源，通过咳嗽和喘气可将病毒排出，经呼吸道传染给其他羊，也有通过胎盘而使羔羊发病的报道。该病多为散发，有时也能大批发生。冬季寒冷以及羊只拥挤，可促进该病的发生和流行。羊群长途运输或驱行，尘土刺激，细菌及寄生虫侵袭等均可引起肺源性损伤，导致该病的发生。

（二）临床症状

潜伏期从2个月至2年不等，人工感染潜伏期为3～7个月。患病后不知不觉地出现呼吸困难。病初，病羊落单，在剧烈运动或驱赶时呼吸加快。后期呼吸快而浅，吸气时常见头颈伸直，鼻孔扩张，张口呼吸。病羊常有混合性咳嗽，呼吸道积液是该病的特有症状，听诊容易听到升高的湿性啰音。当支气管分泌物聚积在鼻腔时，则随呼吸发出鼻塞音。若头下垂或后躯居高时，可见到泡沫状黏液和鼻中分泌物从鼻孔流出。病羊体温正常，但在病的后期可能继发细菌感染，引起化脓性肺炎，导致急性病程。该病末期，病羊衰竭、消瘦、贫血，但仍然保持站立姿势，因为躺卧时呼吸更加困难，一般经数周死亡。

（三）病理变化

病理变化主要局限于肺和心脏。早期可见肺的尖叶、心叶、膈叶的前缘呈弥散性肺瘤样增生，局部呈灰白色，质地硬，稍凸出于肺表面。切面可见颗粒状突出物，反光强。肺出现肿瘤组织构成大小不同的结节，大小由粟粒至枣核大，有的增生为一个肺叶的结节，有的融合而变成很大的肿块，甚至可波及一个肺叶的大部分。病变部位的肺胸膜常与胸壁及心包膜粘连。部分病羊因肿瘤转移，致使局部淋巴结增大，形成不规则的肿块。左心室增生、扩张。

组织学变化可见肺肿瘤，是由增生的肺泡和支气管的上皮增生所组成。肿瘤呈乳头状突起，突入细支气管和肺泡。在肺肿瘤灶之间的肺泡内，有大量上皮巨噬细胞，这些细胞常被肺腺瘤上皮分泌的黏液连在一起，形成细胞团块。当疾病发展，肺泡内或腺瘤腔内有大量嗜中性白细胞浸润，肺泡壁和小叶间结缔组织增生。在病的后期更为显著，将腺瘤区分割为许多小叶。支气管和血管周围有大量结缔组织增生，并形成管套。支气管上皮增生，支气管腔内可见数量不一的嗜中性白细胞（图1-22、图1-23）。

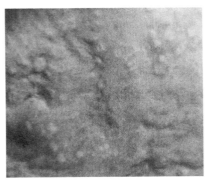

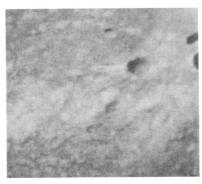

图1-22 肺表面出现肺腺瘤结节　　　　图1-23 肺切面白色结节

（四）诊断方法

目前，对该病的诊断主要依靠临床病史、病理剖检和组织学变化进行。对可疑的病羊做驱赶试验，观察呼吸数变化、咳嗽和流鼻液情况。提起病羊后躯，使头部下垂观察鼻液流出情况等可作出初步诊断。

（五）防治方法

目前，尚无可用的特异性疫苗及有效的治疗方法，预防该病的关键在于建立和保持无病畜群。严禁从病发区引进羊只，加强引进羊只的检疫，隔离发病羊群，在发病地区，将临床发病羊全部屠宰、淘汰，发病羊群加以隔离。做好病死畜的无害化处理。同时，还应加强羊群的饲养管理，做好环境卫生消毒工作，消除和减少诱发该病的各种因素。在非疫区，严禁从疫区引进绵羊和山羊，如引进种羊，必须严格检疫后隔离，进行长时间观察，并做好定期临床检查。

八、传染性脓疱病

（一）流行特点

山羊传染性脓包疮，又名山羊传染性脓包性皮炎，俗称羊口疮，是一种由口疮病毒引起的急性、接触性传染病。

该病在自然情况下主要侵害羊只，所有品种、不同性别和不同年龄的羊均可感染，其中，3～6月龄羔羊更易感，病死率较高；成年羊发病较少，呈散发性传染；该病多发生于秋季、冬末、春初，病羊和带毒动物为主要传染源，病毒存在于病羊皮肤和黏膜的脓疱和痂皮内，主要通过损伤的皮肤、黏膜侵入机体，病畜的皮毛、尸体、污染的饲料、饮水、牧地、用具等可成为传播媒介。由于病毒对外界的抵抗力较强，故该病在羊群中常可连年流行。人因与病羊接触也会造成感染。

（二）临床症状

本病发生时，首先在羊的嘴唇上先发生散在红疹，渐变为脓包。脓包破裂后，覆盖一些淡黄色至褐色的疣状痂皮，痂皮逐渐增厚，扩大干裂。经10天左右脱落。病变损害口腔黏膜，下唇门齿红肿，继而蔓延至口唇、舌，在下唇黏膜及舌尖两侧尤为常见。黏膜上初为小红斑，水疱期不多看到，经过3天左右红斑处变为芝麻大小的单个脓包，其内充满淡黄色的脓汁，附近的脓包渐次融合，随即破裂，形成大小不一的烂斑或溃疡，上覆以腐乳状，有恶臭，黏膜发白。有些病例下门齿肉芽增生，高出齿面，红白相间的似蜂窝状。羔羊嘴不能闭拢，外观奇特，严重的病例舌根溃烂，病羊口流出脓性恶臭液，不能采食或吞咽困难，被毛粗乱，精神委顿，呆立，常垂头卧立呻吟。以后则可见到严重的增生现象，真皮结缔组织大量增生，将表皮分割成许多乳头状的突起，一般经过3周左右，病变开始痊愈，增生逐渐消失。严重病例若不及时治疗，可因衰竭死亡（图1-24、图1-25）。

图1-24　口唇疣状痂皮　　　　　图1-25　嘴不能闭拢

（三）病理变化

对病死羊进行剖检，除羊的口角、舌面、唇等部位有溃疡结痂等病变外，气管、肺脏充血，小肠内壁轻度出血，心肌和心外膜有点状出血。

（四）诊断方法

羊感染传染性脓包病的临床诊断方式比较简单，根据发病的临床症状和羊口角周围的增生痂，即可作出相关诊断。

（五）防治方法

（1）购买羊只时，尽量不从疫区购入，并要严格产地检疫、运输检疫和购入检疫，还要做好消毒工作。这是预防和减少该病发生的重要措施。

（2）加强饲养管理，抓好秋膘，冬春补饲；经常打扫羊圈，保持清洁干燥，并要做好防寒保暖工作；要注意保护羊只的皮肤、黏膜完好，捡出饲料、垫草中的铁丝、竹签等芒刺物，避免饲喂带刺的草或在有刺植物的草地放牧；平时加喂适量食盐，以防羊只啃土、啃墙而引起口唇黏膜损伤。

（3）疫区羊群每年定期预防接种。对出生15日龄后的羔羊，可用羊口疮弱毒细胞冻干苗，用生理盐水稀释后，口腔黏膜内接种0.2mL/只。

（4）一旦羊只发病，应立即隔离治疗，封锁疫区。对尚未发病的羊只或邻近受威胁羊群，可用疫苗进行紧急接种。

（5）病死羊尸体应深埋或焚毁，圈舍要彻底消毒：常用消毒药有：3%石炭酸、2%热火碱或20%石灰乳等。兽医及饲养人员治疗病羊后，必须做好自身消毒，以防传染。

（6）治疗措施。用刀片轻轻刮掉干硬痂皮，伤口涂以3%碘酊或用红霉素、磺胺类软膏涂抹在清洗过的创面上，2～3次/天，剥掉的痂皮或假膜要集中烧毁，以防散毒。痂皮较硬时，先用水杨酸软膏将痂垢软化，除去痂垢后用0.2%高锰酸钾冲洗创面，然后再涂以碘甘油等药物，1～2次/天，愈合为止。

九、山羊病毒性关节炎——脑炎

（一）流行特点

山羊病毒性关节炎—脑炎是由反转录病毒科、慢病毒属山羊关节炎脑炎病毒引起的山羊的慢性传染病。

患病山羊和潜伏期隐性羊是该病的主要传染源。该病的主要传播方式为水平传播，子宫内感染偶尔发生。感染途径以消化道为主，病毒经乳汁感染羔羊。被污染的饲草、料、饮水等可成为传播媒介。水平传播至少同舍放牧12个月以上；在自然条件下，只在山羊间互相传染发病，绵羊基本上不易感染。

（二）临床症状

根据临床表现分为以下4型。

1. 关节炎型

多发生于1岁以上成年山羊，病程较长，为1～3年。炎症部位主要在腕关节，其次为膝关节和跗关节。炎症初期关节周围组织肿胀、发热、有波动感、疼痛，有程度不同的跛行。进而关节显著肿大，行动不便，前膝跪地、膝行，个别病例颈浅淋巴结等淋巴结肿大。

2. 脑脊髓炎型

主要发生于2～4月龄羔羊。病初表现精神沉郁、跛行，进而四肢僵硬、共济失调、一肢或数肢麻痹、四肢划动。有些病羊眼球震颤、惊恐、角弓反张、头颈歪斜或做圆圈运动。也有病例可见面神经麻痹、吞咽困难、双目失明。病程为半个月至数年，多以死亡告终。

3. 间质性肺炎型

少见，各种年龄均可发生，但成年山羊多发，病程3～6个月。病羊表现进行性消瘦、咳嗽、呼吸困难。

4. 硬结性乳腺炎型

哺乳母羊可发生乳腺炎，乳房硬肿，少乳或无乳。

上述4种病型可独立发生，也可混合发生（图1-26、图1-27）。

图1-26　关节显著增大　　　图1-27　脑炎头颈歪斜

（三）病理变化

1. 关节炎型

关节肿胀，关节腔充满黄色或淡红色液体，其中，混有纤维素絮状物。滑膜呈慢性滑膜炎变化，增厚、有点状出血，常与关节软骨粘连。

2. 脑脊髓炎型

主要呈现非化脓性脑炎变化。

3. 间质性肺炎型

眼观仅见肺稍肿大，质地较硬，表面散在灰白色小点，切面有大叶性或小叶性实变区。镜检呈典型的间质性肺炎变化。在细支气管和血管周围有单核细胞形成的"管套"，肺泡上皮增生、化生，肺泡隔增厚，小叶间结缔组织增生。

4. 硬结性乳房炎型

镜下可见间质有大量淋巴细胞、浆细胞以及单核细胞浸润，并伴有间质灶状坏死。

（四）诊断方法

根据临床症状和病变特征可怀疑为本病，确诊应依靠病原分离鉴定和血清学试验，如琼脂扩散试验。本病应与梅迪—维斯纳病相区别。后者肺膨大明显，淋巴细胞性肺炎、脑炎、关节炎、乳腺炎很突出，脑白质有脱髓鞘空洞形成。

（五）防治方法

本病目前尚无疫苗预防，亦无有效治疗方法，故应定期检疫羊群，及时淘汰血清学反应阳性的羊只。

第二章
羊的细菌性疾病

一、结核病

（一）流行特点

结核病是由结核分枝杆菌所引起的一种慢性传染性疾病，人、畜、禽均有可能患此疾病。虽然与牛、猪及家禽等相比，羊患结核病的概率较小，但其一旦发病将很有可能导致羊死亡，从而给畜牧业带来较大的损失。

患结核病的病畜或病禽的奶液、痰液、粪尿、体表溃疡分泌物及泌尿生殖道分泌物等中均含有大量的结核分枝杆菌，健康动物如果食用了被结核分枝杆菌污染过的饲料或饮水会通过消化道感染结核病；如果吸入了含有结核分枝杆菌的空气会通过呼吸道感染结核病；另外，还可能会通过生殖道而感染结核病。

（二）临床症状

病羊体温多正常，有时稍升高。消瘦，被毛干燥，精神不振，多呈慢性经过。肺结核时，病羊咳嗽，流脓性鼻液；乳房被感染时，乳房硬化，乳房淋巴结肿大；肠结核时，病羊有持续性消化机能障碍、便秘、腹泻或轻度胀气。

（三）病理变化

病羊尸体消瘦，黏膜苍白，在肺脏、肝脏和其他器官以及浆膜上形成特异性结核结节和干酪样坏死灶。干酪样物质趋向软化和液化，并具明显的组织膜是山羊结核结节的特征。原发性结核病灶常见于肺脏和纵膈淋巴结，可见白色或黄色结节，有时发展成小叶性肺炎。在胸膜上可见灰白色半透明珍珠状结节，肠系膜淋巴结有结节病灶（图2-1）。

图2-1　肺切面上见黄色干酪样结核结节

（四）诊断方法

1.临床诊断

当羊发生不明原因的渐进性消瘦、咳嗽、肺部异常、慢性乳腺炎、顽固性下痢、体表淋巴慢性肿胀等，可作为疑似结核病的

数据。但仅根据临床症状很难确诊。羊死后可根据特异性结核病变，不难作出诊断，必要时进行微生物学检验。

2. 实验室诊断

用结核菌素做变态反应，是诊断该病的主要方法。诊断绵羊、山羊结核病时，须用稀释的牛型和禽型两种结核菌素同时分别皮内接种0.1mL，72小时判定反应，局部有明显炎症反应、皮厚差在4mm以上者为阳性。

（五）防治方法

将阳性反应的羊只严格隔离，全部扑杀并进行无害化处理。

二、破伤风

（一）流行特点

羊的破伤风病又名强直症，俗称"锁口风"，其特征为全身或部分骨骼肌肉发生痉挛性或强直性收缩而表现出僵硬状态，死亡率特高。是初生羔羊和绵羊的一种常发传染病。

病原为破伤风梭菌。通常由污染了含有破伤风芽孢梭菌的小伤口引起。如断脐、去势、断尾、去角等；母羊多发生于产死胎和胎衣不下的情况下，有时由于难产助产中消毒不严格，以致在阴唇结有厚痂的情况下发生本病。也可以经胃肠黏膜的损伤感染。病菌侵入伤口以后，在局部大量繁殖，并产生毒素，危害神经系统。由于本菌为厌氧菌，故被土壤、粪便或腐败组织所封闭的伤口，最容易感染和发病。

（二）临床症状

病初常表现卧下后不能起立，或者站立时不能卧下，逐渐发展为四肢僵直，运步困难；由于咬肌的强直收缩，牙关紧闭、流涎吐沫、吞咽困难、瘤胃膨气；头颈僵硬、眼圆睁，对刺激敏感性增高。病后期常因急性腹泻而死亡（图2-2、图2-3）。

图2-2　四肢僵直　　　　　图2-3　头颈僵硬、眼圆睁

（三）病理变化

对病死羊剖检一般无显著病理变化，通常多为窒息而亡，血液凝固不良呈暗红色，黏膜及浆膜上有小出血点。肺脏水肿、充血。神经阻滞有淤血和小点出血。肌间结缔组织呈浆液性浸润并伴有出血点。

（四）诊断方法

四肢僵硬，颈项强直，牙关紧闭，站立似木制假羊。

（五）防治方法

1. 预防

预防注射：破伤风类毒素是预防本病的有效生物制剂，或在母羊产后母子均注射精制破伤风抗毒素。

2.治疗

（1）创伤处理。对感染创伤进行有效的防腐消毒处理。彻底排除脓汁、异物、坏死组织及痂皮等，并用消毒药物（3%过氧化氢、2%高锰酸钾或5%～10%碘酊）消毒创面；并配合青霉素注射。

（2）早期注射精制破伤风抗毒素。可一次用足量（20万～80万单位）。抗破伤风血清在体内可保留2周。

（3）加强护理。将病羊放于黑暗安静的地方，避免能够引起肌肉痉挛的一切刺激。给予柔软易消化且容易咽下的饲料（如稀粥）；多铺垫草以防发生褥疮；防治发生瘤胃臌气。

（4）为了缓解痉挛，可输入25%硫酸镁溶液，每天1次，每次10～20mL；或按每千克体重2mg肌内注射氯丙嗪。

三、链球菌病

（一）流行特点

本病是羊的一种急性热性传染病。成年羊主要表现败血症，而羔羊则以浆液纤维素性肺炎为特征。

绵羊最易感，山羊次之。病羊和带菌羊是本病的主要传染源，常经呼吸道或损伤的皮肤而感染。老疫区为散发，新疫区多于冬、春季节呈流行性发生，为害较为严重。

（二）临床症状

自然感染潜伏期为2～7天，少数可长达10天。病羊体温升高，精神不振，食欲减退甚至废绝，反刍停止，流泪、流鼻液、流涎，咳嗽，呼吸困难。咽喉肿胀，咽背和颌下淋巴结肿大。妊娠母羊常发生流产。粪便有时带有黏液或血液。严重病例多因衰竭、窒息而死亡。病程长者轻度发热、消瘦、食欲缺乏、步态僵硬，有的病羊表现咳嗽或患关节炎。

（三）病理变化

本病可分为败血型和胸型。

1.败血型

链球菌病主要见于成年羊，病程为2～5天。除败血症的一般变化外，其舌后部、鼻后孔附近、咽部和喉头黏膜高度水肿，导致鼻后孔和咽喉狭窄；全身淋巴结尤其是颌下淋巴结和肺门淋巴结显著肿大，可达正常体积的2～7倍，切面隆起，有透明或半透明黏稠的胶样引缕物，有滑腻感；肺有充血、出血、水肿与气肿等炎症变化；胆囊体积增大为正常的7～8倍，其黏膜充血、出血、水肿，胆汁呈淡绿色或因出血而似酱油状；淋巴结、肝脏等器官均有明显的溶解性炎症，组织疏松，有中性粒细胞浸润。

2.胸型

链球菌病常见于羔羊，病程1～2周，成年羊极少发生。特征性病变为浆液纤维素性肺炎和浆膜炎。也可见败血症变化，但病变较轻（图2-4、图2-5）。

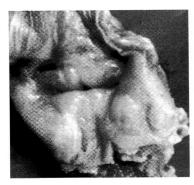

图2-4　咽喉水肿

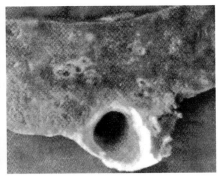

图2-5　肺充血、出血

（四）诊断方法

本病主要根据临床症状和病理变化（尤其是咽喉部水肿和淋巴结表面引缕物）作出初步诊断，确诊需要实验室检查病原菌。本病应与炭疽、巴氏杆菌病以及羊快疫等有败血症状的疾病相鉴别，但它们的病原各不相同，肺表面无引缕物，炭疽无咽喉部水肿变化。

（五）防治方法

1. 预防

除采取一般性综合防治措施外，免疫接种对预防和控制本病传播效果显著。可用羊链球菌氢氧化铝甲醛灭活苗，大羊、小羊均每只皮下注射3mL。3月龄以下羔羊于2～3周后 重复接种1次，免疫期可维持6个月以上。

2. 治疗

可用青霉素或20%磺胺嘧啶钠注射液。

（1）青霉素。80万～160万单位/只，1次肌内注射，每日2次，连用2～3天。

（2）20%磺胺嘧啶钠注射液5～10mL/只，肌内注射，每日2次，连用2～3天。

四、布氏杆菌病

（一）流行特点

布氏杆菌病是羊的一种慢性传染病，也是一种人畜共患传染病，主要侵害生殖系统。病原为布氏杆菌。受感染的怀孕母羊极易引起流产或死胎，所排出的羊水、胎衣、组织碎片、分泌物中含有大量布氏杆菌，特别有传染力；病羊排菌可长达3个月以上；一年四季均可发生；不分性别年龄，母羊较公羊易感性高，性成熟羊极为易感；消化道是主要感染途径，也可经配种感染。

羊群一旦感染此病，首先表现为孕羊流产。开始仅为少数，以后逐渐增多，严重时，可达半数以上，多数病羊流产1次。

（二）临床症状

多数病例为隐性感染，怀孕羊主要症状是流产。流产发生在怀孕后的3～4个月，多数胎衣不下，易继发子宫内膜炎。有时患病羊发生关节炎而出现跛行；公羊发生睾丸炎，睾丸上缩，行走困难，拱背，逐渐消瘦，失去配种能力（图2-6、图2-7）。

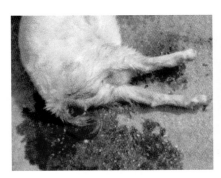
图2-6　病羊流产

图2-7　公羊睾丸肿胀

（三）病理变化

胎盘绒毛膜下组织呈黄色胶冻样浸润、充血、出血、糜烂和坏死，胎衣增厚，布有出血点。胎儿皮下和肌肉有出血浸润并变为绿色。公羊睾丸肿胀硬固、精索变粗（图2-8）。

图2-8 胎儿皮下和肌肉有出血浸润并变为绿色

（四）诊断方法

（1）母羊流产；公羊睾丸变硬肿。

（2）实验室检查。做虎红平板凝集试验。

（五）防治方法

（1）坚持自繁自养，不从疫区引进羊只；引进的羊只需在隔离条件下检疫，确定无感染后方可合群。

（2）每年用凝集反应或变态反应定期对可疑羊群进行2次检疫，检出的阳性病羊立即淘汰，可疑病羊应及时严格分群隔离饲养，等待复查。

（3）布氏杆菌病常发地区，每年应定期对羊群预防接种，接种过疫苗的不再进行检疫。

（4）根据临床情况，选择适当药物应用。

五、李氏杆菌病

（一）流行特点

李氏杆菌病通常俗称"转圈病"，是由单核细胞增生李斯特菌（俗称李氏杆菌）引起的一种散发性人畜共患传染病，绵羊和山羊均易感。

病羊和带菌羊只都是该病的传染源，一般在病羊的分泌物以及排泄物中都能够分离得到病菌，如眼、鼻、生殖道的分泌物以及乳汁、尿液、粪便、精液等。该病的传播途径是通过眼结膜、呼吸道、消化道以及损伤的皮肤等。该病的主要传染媒介是饮水和饲料。羊感染该病的主要原因是由于采食过于坚硬的饲料而导致口腔黏膜被刺伤，以吞食大量的病菌。该病通常为散发性，偶有呈地方流行，尽管具有较低的发病率，但具有很高的致死率。该病全年任何季节都能够发生，其中在冬春季节相对比较容易发生，而夏秋季节往往只有少数发病。2~4月龄及断奶前后1个月的羔羊容易发生该病，且主要在每年的4—5月或者10—11月发生。

（二）临床症状

潜伏期约2~3周。幼龄羊一般表现为败血型。病羊体温升到40~41.5℃，稍后即下降。患羊呆立，不愿行走。流泪，流鼻液和流口水，采食缓慢，不听驱使，最后倒地不起并死亡。成年羊以出现明显的神经症状为主要特征。表现为头颈向一侧弯斜，视觉模糊以至消失。出现角弓反张和圆圈运动症状，最后麻痹倒地不起和死亡。一些病母羊伴有流产（图2-9、图2-10）。

（三）病理变化

剖检一般没有特殊的肉眼可见病变。内脏出血，肝脾和淋巴结肿大出血并见有灰黄色坏死病症。

有神经症状的病羊，脑及脑膜充血、水肿，脑积液增多，稍混浊。流产母羊都有胎盘炎，表现子叶水肿坏死，血液和组织中单核细胞增多。

图2-9　采食缓慢

图2-10　头颈向对侧弯斜

（四）诊断方法

根据临床症状和病理变化可作出初步诊断，如需确诊需经实验室诊断。采血、肝、脾、肾、脑脊髓液、脑的病变组织等作触片或涂片，革兰氏染色镜检。革兰氏阳性，呈"V"形排列或并列的细小杆菌，再取上述材料接种于0.5%～1%葡萄糖血琼脂平板上，得到纯培养物后，通过革兰氏染色、溶血检查及血清学检查，即可确诊。

（五）防治方法

（1）早期大剂量应用磺胺类药物或与抗生素并用，疗效较好，常用的抗生素有硫酸链霉素、长效土霉素、硫酸庆大霉素、丁胺卡那霉素、金霉素、盐酸四环素、红霉素等，初期大剂量应用，同时，加维生素C、维生素B_6有一定疗效，但出现神经症状一般无疗效。

①病羊出现神经症状时，可使用镇静药物治疗，以每千克体重1～3mg，肌内注射。青霉素一般无疗效。

②用硫酸链霉素治疗有一定的疗效。链霉素600万～800万单位，用30mL注射用水稀释，一次肌内注射，每天2次，连用5天。

③20%磺胺嘧啶钠5～10mL、氨苄青霉素1万～1.5万单位/kg体重、庆大霉素1 000～5 000单位/kg体重，均肌内注射，2次 天，有一定疗效。

（2）对发病羊只，应立即隔离，对同群羊应立即检疫，病死羊尸体要深埋无害化处理。

（3）加强饲养管理，坚持自繁自养。引进种羊，必须调查其来源，引进后先隔离观察1周以上，确认无病后方可混群饲养，从而减少病原体的侵入。在饲养中一定要注意粗精饲料的配比，严禁大量饲喂精料。另外，注意矿物质、维生素的补充，一定要注意钙的补充，防止缺钙。

（4）注意环境卫生，清洁羊舍与用具。保证饲料和饮水的清洁卫生。对污染的环境和用具等使用2%～5%火碱、0.5%过氧乙酸、氯制剂、醛制剂、聚维酮碘等消毒药进行消毒。

（5）做好灭鼠工作。老鼠为疫源，所以，在羊舍内要消灭鼠类。夏秋季节注意消灭羊舍内蜱、蚤、蝇等昆虫，减少传播媒介。同时，要定期驱虫。

（6）李氏杆菌病对人也有危险。感染时，可发生脑膜炎。与病羊接触频繁的人应注意做好个人防护工作。

六、巴氏杆菌病

（一）流行特点

羊巴氏杆菌病又称羊鼻疽、羊出血性败血症、卡他热，是由多杀性巴氏杆菌引起的急性、慢性传染性疾病，羊巴氏杆菌病是养羊业中最常见的疾病之一，分布广泛，以败血症和出血性炎症为主要特征。不同年龄阶段的羊只均可感染发病，而主要发生于断奶羔羊以及1岁左右的绵羊，山羊较少见。病菌通常存在于病羊的淋巴结、内脏器官、血液及病变局部组织和健康羊只的上呼吸道、黏膜与扁桃体内，倘若羊只抵抗力下降，则会感染发病。

该病的主要传染源为病羊及其排泄物和分泌物．通过消化道与呼吸道传染，也可经过蚊虫叮咬后，通过皮肤及黏膜创口感染。而饲养管理不善、营养不良、圈舍通风不佳、潮湿，天气寒冷、气温骤变，饲养拥挤、饲料品质差或饲料突然变更，长途运输以及感染呼吸道感染或寄生虫病等其他疾病时，均可导致羊只抵抗力降低，使得该病发生与流行。

该病一年四季均可发生，而以气候剧变、冷热交替的冬末春初时节发病较多，呈散发或地方性流行。

（二）临床症状

病羊临床症状根据病程长短分为3种：最急性型、急性型和慢性型。

1. 最急性型

该类型多发病于哺乳羔羊，突然发病，一般无显著症状，个别病例会出现呼吸困难、恶寒战栗、身体虚弱、呆立等症状，多于数分钟至数小时内死亡。

2. 急性型

该类型多见于羔羊、体弱羊及怀孕母羊发病。精神颓废，被毛杂乱，食欲降低甚至废绝，体温升高达41～42℃，可视黏膜发绀，咳嗽、呼吸困难，鼻孔有脓性黏液流出，且常伴有血块或血丝，形体消瘦，四肢僵直，运动失调，颈部及胸下部发生水肿，发病初期产生便秘，后期则会腹泻，排血水样粪便. 病羊最终因严重腹泻虚脱而亡，病程多在2～5天。

3. 慢性型

该类型表现为精神不振，食欲下降，形体逐渐性消瘦，呼吸困难，咳嗽，有脓性分泌物从鼻腔流出，部分病例可见颈部及胸下部发生水肿，腹泻，有角膜炎，病羊体温逐渐下降，最终由于极度衰弱而亡。病程多在2～3周或更长时间。

（三）病理变化

（1）最急性病死羊剖检可见浆膜、黏膜有出血点，全身淋巴结肿胀，其他脏器无显著变化。

（2）急性型病死羊病理变化为皮下水肿，有点状出血点，肝脏肿胀有米粒状灰白色病死灶，胃肠道黏膜呈弥漫性出血、溃疡及水肿，咽喉淋巴结、肺门淋巴结和肠系膜淋巴结出血、肿胀，切面外翻且质脆多汁，肺水肿、淤血，呈暗红色，胸腔内有纤维素性渗出物，呈黄色，气管黏膜发炎肿胀，心包积液，内有黄色混浊液体。咽喉与气管有出血点，脾肾一般无显著变化。

（3）慢性型病死羊病变主要集中在胸腔，常见纤维素性胸膜肺炎及心包炎肝脏肿胀，有坏死灶（图2-11、图2-12）。

（四）诊断方法

根据流行特点、临床症状及剖检病变可初步诊断羊巴氏杆菌病，确诊需进行实验室检查。

（1）涂片镜检。无菌采集病羊血液或黏液，也可采取病死羊只肝脏、脾脏、心脏、淋巴结、肠系膜等涂片镜检，可见有大量的革兰阴性菌，两端钝圆，不形成芽孢，不运动，无鞭毛，则可初步判定为巴氏杆菌。

图2-11　皮下血管充血、出血　　　　图2-12　肺部淤血

（2）动物试验。将病料用分离培养菌菌液或制成的1∶10乳剂皮下或腹腔接种小鼠2～5只，0.2mg/只，在72小时死亡者，进行剖检、镜检和细菌培养，即可作出诊断。

（五）防治方法

（1）免疫接种。全群羊每年春、秋两季接种羊巴氏杆菌病灭活苗进行预防。

（2）加强饲养管理。鉴于羊巴氏杆菌为条件性致病菌，在饲养管理不当、环境卫生差、冷热交替及过于拥挤等不良因素下极易导致羊只抵抗力下降，病菌伺机侵入，引起羊只发病。为此，应加强羊舍的防寒保暖，通风干燥，且控制好饲养密度；饲喂优质的饲草及饲料，确保饲料含有丰富维生素和矿物质，营养均衡，提高羊只抵抗力，以有效预防本病的发生。

（3）驱虫。定期驱除体内寄生虫，将羊舍内外的蚊蝇等昆虫及时消灭；羊舍内外的粪物要及时清除并进行发酵处理。

（4）加强检疫。养殖场应坚持自繁自养，并开展科学繁殖，防止近亲繁殖，做好系谱记录，优化种群基因。必须引进羊只时，应先做好疾病、免疫调查，避免从疫区或不正规的养殖场引种。种群引入后，隔离观察1个月以上，经驱虫、消毒、补注相关疫苗后，确认为健康羊再混群饲养。

（5）母羊管理。该病多发生于羔羊，因此，对妊娠期的母羊及羔羊的饲喂管理很重要。合理配制营养丰富、适口性良好的全价饲料，并为不同妊娠阶段的母羊科学调配营养饲料，以满足羊只营养需要，增强母羊及羔羊体质。羔羊应适时断奶，严格掌控断奶期间的饮食。秋冬季节做好饲草料的储备工作，确保枯草期有足够的青绿饲料或青贮饲料供应。严禁饲喂发霉变质的饲料，保证羊只有充足的洁净饮水，适当增强羊群的户外运动，以增强其抵抗力。

（6）治疗。选用磺胺类药物和庆大霉素进行治疗均有良好的疗效，庆大霉素用量为每千克体重1～1.5mg，20%磺胺嘧啶钠5～10mg，肌内注射，2次/天，连用3天。也可用青霉素和链霉素混合肌内注射，2次/天，连用3天。

七、羔羊大肠杆菌病

（一）流行特点

羔羊大肠杆菌病俗称羔羊白痢，是由致病性大肠杆菌引起的一种新生幼畜的急性败血性传染病，该病主要危害7日龄羔羊，2～4日龄最为严重。主要有肠炎型和败血性两种类型，发病率和死亡率均较高，是目前危害羔羊的主要疫病之一。

一般7周龄以内尤其是出生后数日的羔羊易感，以地方性散发流行为主，该病的发生与温度骤变、营养不足、饲养环境不卫生、护理不当以及吸吮不卫生的母羊乳头等密切相关，在冬春的舍饲期间容易发生，而在放牧的季节不易暴发。

（二）临床症状

1. 败血型

多发于2～6周龄的羔羊，病羊体温升高、食欲减退、精神沉郁、迅速虚脱、四肢僵硬、运动失调，一般发病后4～12小时内死亡。

2. 肠型

多发于7日龄内羔羊，病初体温迅速升高，随后出现腹泻，腹泻后体温降低，粪便呈半液体状，初为黄色后为绿色或灰色，偶尔可见血便。羔羊表现腹痛、委顿、虚弱、卧地、脱水，一般发病后24～36小时死亡，病死率高达50％左右（图2-13、图2-14）。

图2-13　粪便呈半液体状　　　图2-14　肛周围被粪便污染

（三）病理变化

1. 败血型

死亡羔羊腹腔、胸腔、心包均有大量积液。腹水增多，呈淡黄色并具有恶臭味。关节肿大，内滑液混浊。脑膜出血并散状分布出血点，大脑沟内含大量脓性渗出物。

2.肠型

严重脱水，尸体干瘪，肠道出血，肠道内容物呈黄灰色半液状，黏膜出血、充血。肺具有炎症病变，边缘具有小部分实变（图2-15、图2-16）。

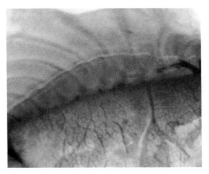 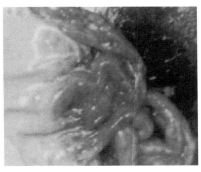

图2-15　腹水增多，呈淡黄色　　图2-16　肠道内容物呈黄灰色半液状

（四）诊断方法

根据流行情况、临床症状、病理变化等临床特征可做出疑似的初步诊断，但要确诊，需借助细菌形态观察、病原分离与鉴定、分子生物学等实验室诊断方法。

（五）防治方法

1.加强环境卫生

羊大肠杆菌病是条件性病菌，良好的环境卫生是防止大肠杆菌暴发的前提条件，及时清理舍中粪便、污水，定期彻底消毒，且应经常更换交替使用消毒药物，避免产生耐药性。疫病高发季

节尤其应做好防寒保温、防潮减湿工作。

2. 加强母羊饲养管理

加强怀孕母羊及哺乳期母羊的饲养管理，做好母羊保膘工作，保证母羊营养水平，营养要均衡，保障饲粮中蛋白质、矿物质、维生素的供给，保证其具有较高的抗病能力，制定合理的免疫程序，确保疫苗的免疫效果。提高母羊临产前的准备工作，应将临产母羊阴门、乳房四周被污染的毛剪掉并彻底消毒。同时，对产房进行严格的消毒。

3. 加强羔羊饲养管理

加强新生羔羊的饲养管理，新生羔羊哺乳前应用高锰酸钾水反复擦拭母羊的乳房、乳头和腹下，对于缺奶羔羊，人工饲喂不要饲喂过量，同时，做好羔羊的保暖工作和新生羔羊圈舍环境卫生，加强护理，防止受凉。

4. 治疗

根据药敏试验结果，用抗生素常规量对全群进行肌内注射，2次/天，连用3天。同时，对严重病例静脉注射葡萄糖生理盐水和维生素C。

八、梭菌类疾病

（一）流行特点

羊的梭菌性疾病是由梭状芽孢杆菌属中的多种病菌所造成的一大类致死性疾病，包括羊快疫、羊猝疽、羊肠毒血症、羔羊痢疾等病。本类疾病在散养羊群、应激反应大的羊群和防疫效果不好的羊群经常发生并造成较大损失。

梭菌类疾病每年秋冬和早春时多发；气候多变、温差过大时多发；阴雨连绵季节多发；羊群感冒、吃冰冻草料时多发。

（二）临床症状

羊只发病时来不及表现症状即突然死亡，多是因为几种疾病混合感染，临床上有很多相似之处，生前很难确诊。急性病例几分钟或几个小时即死于牧场或圈内；慢性病例表现为掉队、卧地、磨牙、流涎、呻吟、腹痛、胀肚、腹泻、痉挛而死亡，死亡羊只皮肤发红色为其典型特征（图2-17至图2-20）。

图2-17　病羊胀肚

图2-18　掉队的羊

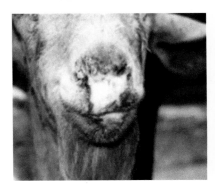

图2-19　羊流口水

图2-20　皮肤发红

（三）病理变化

1. 羊快疫

病变主要是皱胃出血性炎症，在胃底部及幽门附近有大小不一的出血斑块；另有瘤胃壁出血、网胃黏膜出血、皱胃黏膜溃疡、结肠条带状出血等（图2-21、图2-22）。

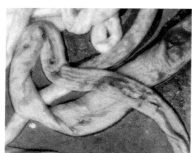

图2-21　皱胃出血　　　　　　图2-22　结肠条带状出血

2. 羊猝狙

病变主要是小肠黏膜充血、出血。羊快疫和羊猝狙的共同特征是胸腔、腹腔、心包大量积液。另有肠道出血、肺出血、胆囊肿胀、心内外膜有点状出血；死羊若未及时剖检，出现迅速腐败（图2-23）。

图2-23　小肠严重出血

3. 羊肠毒血症

病变是肾脏比平时更易软化，所以，此病又称为"软肾病"。另外，皱胃含有未消化的饲料，小肠呈急性出血性炎性变化，心内外膜有小点出血，肺脏出血和水肿（图2-24、图2-25）。

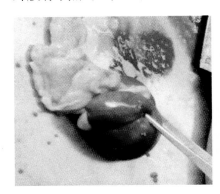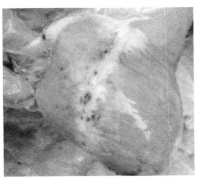

图2-24 肾脏变软　　　　　　图2-25 心肌外膜出血

4. 羔羊痢疾

最显著的病理变化是小肠（特别是回肠）黏膜出血、溃疡；有的肠内容物呈血色；肠系膜淋巴结肿胀。皱胃内往往存在未消化的凝乳块（图2-26、图2-27）。

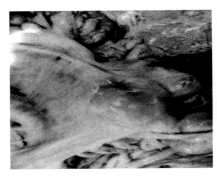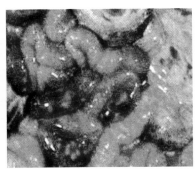

图2-26 肠系膜淋巴结肿胀　　　图2-27 肠管大面积出血

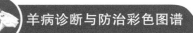

（四）诊断方法

（1）临床特征。突然死亡、腹痛腹泻、群发感染、抗生素有效。

（2）剖检变化。皱胃出血、肠道出血、肾软如泥、腔体积液。

（五）防治方法

1. 预防

（1）每年春、秋季2次注射羊三联四防菌苗，不论大小羊，均皮下或肌内注射5mL。

（2）对已发病羊群的同群健康羊进行紧急预防接种。

（3）发病严重时，可转移牧地以减弱和停止发病。

（4）及时隔离病羊，按程序处理病死羊只，并对圈舍、场地和用具实施严格的大面积消毒。

2. 治疗

药物治疗越早越好。梭菌病的抗菌治疗用药基本相同，有效药物主要包括：青霉素类、头孢类、磺胺类、林可胺类等；针对梭菌毒素时可及时注射血清；配合激素疗法、小苏打疗法、输液疗法、止血止泻疗法、硫酸铜疗法等，效果更好。

九、附红细胞体病

（一）流行特点

羊的附红细胞体病属人畜共患急性传染病。发病羊主要以黄疸性贫血和发热为特征，严重时，因衰竭而死亡。绵羊多发附红细胞体病，而且会传给山羊，但不会传给其他动物。本病在羊群多呈隐性感染，在营养不良、微量元素缺乏、蠕虫病、应激和虚弱的羊群中易发。接触性、血源性、垂直性传播是主渠道，附红细胞体一旦侵入外周血液便会迅速增殖，破坏红细胞，引发贫血和黄疸。因本病还可通过昆虫叮咬而传播，所以，炎热季节多发。病原对低温抵抗力强。羔羊死亡率较高。

（二）临床症状

病羊在感染附红细胞体1~3周后发病，初期体温升高，精神沉郁，饮食和饮水不停，但形体消瘦、虚弱、贫血、病羔生长不良，可视黏膜苍白、黄染（因红细胞破坏崩解释放出胆绿素，经氧化胆绿素变为胆红素，胆红素为黄色，随血液流遍全身至黄染），有的下颌水肿，有的出现腹泻，典型的出现血红蛋白尿。最后衰竭而死。怀孕羊常出现流产（图2-28、图2-29）。

图2-28 病羊精神沉郁

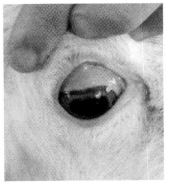
图2-29 可视黏膜苍白、黄染

（三）病理变化

剖检时可发现全身肌肉消瘦、色淡。淋巴结水肿，肺出血，血凝不全，肾呈黑色，瘤胃轻度积食。

（四）诊断方法

（1）临床特征。高热、贫血、黄疸、血红蛋白尿。

（2）血液检查镜。检有许多附红细胞体存在。

（五）防治方法

（1）定期应用高效驱虫药物。

（2）本病目前尚无疫苗免疫，药物治疗需采用综合措施。

（3）大群用药常用中药拌料预防和治疗；对发病羊在应用中药的同时，可选择土霉素、多西环素、磺胺类、三氮脒、咪唑苯脲等其中2种配合肌内注射，连用3～4次；可应用牲血素类药物。

十、皮肤霉菌病

（一）流行特点

羊的皮肤霉菌病属真菌范围，俗称"癣"，是由多种致病性皮肤真菌引起的皮肤传染病。引起羊皮肤霉菌病的病原主要为毛癣菌属及小孢真菌属中的一些成员，包括疣状毛癣菌、须毛癣菌和犬小孢真菌等。病羊和人为本病的重要传染源。本菌可随皮屑及其孢子排到环境，瘙痒、摩擦等为间接传播，从损伤的皮肤发生感染。

自然情况下牛最易感，其次为猪、马、驴、绵羊、山羊等；人也易感。许多种皮肤真菌可以人畜互传或在不同动物之间相互传染。如疣状毛癣菌主要感染牛、马，有时感染羊；犬小孢真菌主要感染犬，但还可引起羊和人感染。本病一年四季都可发生，但冬季阴暗潮湿且通风不良的羊舍更有利于本病的发生。幼年羊较成年羊易感；营养不良、羊群密集、羊舍湿度大等有利于本病传播。

（二）临床症状

本病主要发生在羊的颈、背、肩、耳等处，但不侵害四肢下端。患部皮肤增厚，有灰色的鳞屑，被毛易折断或脱落，也有的表现为一个圆圈，上面有许多皮屑，就像有一层面粉在上面；有的单纯的圆形脱屑，只留有少数几根断毛。由于病羊经常擦痒，致使病变有蔓延至其他部位的倾向。有的患病羊不安、摩擦、减食、消瘦；而有的病羊不痛不痒，就是难看（图2-30、图2-31）。

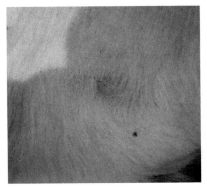 

图2-30　圆形秃斑　　　　　图2-31　病羊脱毛

（三）病理变化

从患部及健康皮肤的交界处上取感染部位的被毛、鳞屑等置于载玻片上，滴加10%氢氧化钾或乳酸酚棉蓝1～2滴，加盖玻片，待被检病料变透明时镜检，患部材料中可见孢子或分枝的菌丝。

（四）诊断方法

依据羊只皮肤上出现有界限明显的癣斑，患部皮肤变硬、脱毛、覆以鳞屑或痂皮即应考虑本病，确诊需进行真菌学检查。

注意一定不要和疥螨病混淆。

（1）直接镜检。将患部以70%酒精擦洗后，从患部及健康皮肤的交界处上取感染部位的被毛、鳞屑等置于载玻片上，滴加10%氢氧化钾或乳酸酚棉蓝1~2滴，加盖玻片，待被检病料变透明时镜检，若患部材料中见有孢子或分枝的菌丝即为本病。

（2）动物试验。常用敏感的实验动物是家兔。接种部位先剪毛，用1%高锰酸钾液洗净，再用细砂纸轻擦接种部，涂擦上述标本材料的稀释液，隔离饲养观察。阳性者经7~8天，于接种部位出现炎症反应、脱毛和癣斑。

（3）必要时，做真菌分离与鉴定。

（五）防治方法

1. 预防

（1）新购羊只要隔离观察1个月以上，无病者方可混群。

（2）羊舍要通风向阳，圈舍和用具要固定使用，定期消毒。

（3）防止饲养和放牧人员受到感染。

2. 治疗

（1）发现病羊应对全群羊只进行逐一检查，集中患病羊隔离治疗。患部先剪毛，再用肥皂水或来苏儿洗去痂皮，待干燥后，选用10%水杨酸酒精或油膏涂擦患部；或用3%灰黄霉素软膏、制霉菌素软膏、杀烈癣膏、10%克霉唑，5%硫黄软膏等药涂擦患部，每天或隔天1次。

（2）污染的羊舍、用具以3%甲醛溶液加2%氢氧化钠进行消毒。

十一、传染性胸膜肺炎

（一）流行特点

羊传染性胸膜肺炎又称为羊支原体肺炎，是由多种支原体所引起山羊和绵羊的一种高度接触性传染病，其临床特征为高热、咳嗽、腹泻、大量流鼻液、病死率很高。此病在我国时有发生，特别是饲养山羊的地区较为多见。山羊肺炎支原体只感染山羊，俗称"山传"，3岁以下的山羊最易感染；而绵羊肺炎支原体既可以感染绵羊又可感染山羊。

传染源是病羊和长期带菌羊；新区暴发本病与调入和引进有关；耐过羊也有传播的可能性和危险性；高度接触性感染，空气和飞沫是主要感染途径；阴雨潮湿、寒冷拥挤均有利于空气、飞沫传染的发生。呈地方流行，冬季流行期平均为15天，夏季可维持2个月以上。

（二）临床症状

1. 最急性型

最急性型体温高达41～42℃，极度委顿，呼吸急促甚至鸣叫。数小时后出现肺炎症状，并流脓性鼻液，黏膜高度充血至发绀；肺部叩诊呈浊音，听诊肺泡呼吸音消失；12～36小时，病肺和胸腔有渗出液，多窒息而亡。病程一般不超过4～5天，有的仅12～24小时。

2. 急性型

急性型最常见。体温升高，短湿咳，伴有浆性鼻漏。4～5天后，变干咳而痛苦，鼻液为黏液、脓性并呈铁锈色；高热稽留，呼吸困难、痛苦呻吟；眼睑肿胀，流泪，眼有黏液、脓性分泌物；口流泡沫、瘤胃臌胀、腹泻，甚至口腔中发生溃疡；唇、乳等部皮肤发疹，病期多为7~15天，有的可达1个月。怀孕羊大批（70%~80%）发生流产。

3. 慢性型

慢性型多见于夏季。全身症状轻微，病羊咳嗽、流涕、腹泻、营养不良，衰弱死亡。病程可达数月，成为长期带菌羊。慢性病羊多由急性转来（图2-32、图2-33）。

图2-32　流脓性鼻液

图2-33　眼睑肿胀，流泪

（三）病理变化

鼻黏膜出血，气管黏膜出血，间质性肺炎，肺实变；胸腔常有血性或浅黄色液体；肺与胸壁粘连；胸膜变厚而粗糙，上有黄白色纤维素层附着，直至胸膜与肋膜；心冠出血，心肌松弛、变软；急性病例还可见肝脏肿大，有黄色坏死灶；肠黏膜出血（图2-34、图2-35）。

（四）诊断方法

（1）临床特征。高热、咳嗽、流鼻液、腹泻。

（2）剖检变化。肺粘连、胸腔积液。

图2-34　鼻黏膜出血　　　图2-35　胸腔带有浅黄色液体

（五）防治方法

1. 预防

（1）慎重引进。防止引入病羊和带菌羊是关键。新引进羊只必须隔离检疫1个月以上，确认健康后方可混入大群。

（2）定期防疫。疫苗有山羊传染性胸膜肺炎氢氧化铝苗和鸡胚化弱毒苗或者绵羊肺炎支原体灭活苗。根据当地病原体的分离结果，选择使用。羔羊断乳后进行首免，以后同成年大群羊进行二免，1年2次。皮下或肌内注射，6月龄以下羊每只3mL，6月龄以上羊每只5mL。

（3）紧急接种。发现病羊和可疑羊应立即隔离治疗。更换垫料，改善羊舍通风条件，消毒。对假定健康羊用传染性胸膜肺炎氢氧化铝疫苗接种，注射剂量为：6月龄以下羊每只3mL，6月龄以上羊每只5mL。

2. 治疗

治疗可选用新胂凡纳明（914）、磺胺嘧啶钠、土霉素、四环

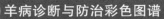

素、泰妙菌素、环丙沙星、氟苯尼考等。

新肿凡纳明可肌内注射，也可静脉给药，但从临床应用效果来看，气体熏蒸鼻孔吸入非常有效；如用泰妙菌素饮水，可按每100kg水加5g药物给羊自由饮水，连用7天，治愈率可达92%。

十二、传染性角膜结膜炎

（一）流行特点

羊传染性结膜—角膜炎又称为流行性眼炎、红眼病。主要以急性传染为特征，眼结膜与角膜先发生明显的炎症变化，其后角膜混浊，几乎呈乳白色。

山羊尤其是奶山羊、绵羊、乳牛、黄牛等极易感染；年幼动物最易得病；多由已感染动物或传染物质导入羊群，引起同群感染；患病羊的分泌物如鼻涕、泪液、奶及尿的污染物，均能散播本病。多发生在蚊蝇较多的炎热季节，一般是在5—10月夏、秋季，但在我国东北地区11月也有发病病例；以放牧期发病率最高；进入舍饲期也有少数发病的；多为地方性流行。

（二）临床症状

本病主要表现为结膜炎和角膜炎。有的两眼同时患病，但多数先一眼患病，然后波及另一眼，有时一侧较重，另一侧较轻。病初呈结膜炎症状，表现畏光流泪，眼睑半闭；眼内角流出浆液或黏液性分泌物，不久则变成脓性；上、下眼睑肿胀、疼痛、结膜潮红，并有树枝状充血。

其后侵害角膜，呈现角膜混浊和角膜溃疡，眼前房积脓或角膜破裂，晶状体可能脱落，造成永久性失明（图2-36、图2-37）。

图2-36 上、下眼睑肿胀

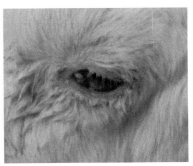

图2-37 结膜潮红

（三）病理变化

组织病理学检查，可发现滤泡内淋巴细胞增生。

（四）诊断方法

结膜充血、畏光流泪、脓性渗出物。

（五）防治方法

1. 预防

建立健康羊群，病羊予以隔离、治疗，定时清扫消毒；新购羊只至少需隔离60天，再与健康羊合群。

2. 治疗

发病羊只应尽早治疗。

（1）用2%硼酸溶液洗眼，拭干后再用3%弱蛋白银溶液滴入结膜囊中，每天2～3次。

（2）用0.025%硝酸银液滴眼，每天2次，或涂以土霉素软膏。

（3）自家血清疗法：自家血清每次5～10mL，于两眼的上、下眼睑皮下注射，隔2天再注射1次，效果很好。

（4）重症病羊和角膜混浊者，应用抗生素+普鲁卡因+地塞米松，混合后做眼底封闭，效果甚佳。

第三章
羊的寄生虫病

一、绦虫病

（一）流行特点

羊、牛绦虫病是由莫尼茨绦虫、曲子宫绦虫与无卵黄腺绦虫寄生于小肠所引起的。其中，莫尼茨绦虫为害最严重，特别是对幼畜。3种绦虫可单独感染也可混合感染。本病在我国分布广泛，尤其是在北方牧区发生较多。羔羊对扩展莫尼茨绦虫最易感，但有的地区绵羊易感贝氏莫尼茨绦虫。本病的流行与绦虫中间宿主——地螨的生存有关，因此，本病易发生于地螨生存的适温、高湿而富于腐殖质的土壤环境中，当羊在吃草时，吞食了含似囊尾蚴的地螨而被感染。

（二）临床症状

病羊食欲减退、贫血、腹泻、消瘦、水肿等，精神沉郁，喜卧，体力不足。粪便中可见到虫体节片或虫体长链。偶见病羊有转圈、头后仰等神经症状。也可因寄生虫性肠阻塞而出现腹痛、腹胀，甚至发生肠破裂而死亡（图3-1）。

图3-1　精神沉郁，喜卧，体力不足

（三）病理变化

病变为尸体消瘦，营养不良。小肠中有数量不等的绦虫，黏膜呈卡他性炎症。腹腔液体较多，偶见肠阻塞、肠套叠或肠破裂（图3-2）。

图3-2　空肠内有虫体

（四）诊断方法

（1）病羊粪球表面可查到黄白色、圆柱状、能活动的孕卵节片。

（2）用饱和盐水浮集法，以发现粪便中的虫卵，方法为：取粪便5~10g，加入10~20倍饱和盐水混匀，6目筛网过滤，滤液静置30~60分钟，虫卵已充分上浮，用一直径5~10mm的铁丝圈与液面平行接触以蘸取表面液膜，将液膜抖落在载玻片上，盖上盖玻片镜检。

（3）虫体未成熟之前粪便无虫卵和孕节，此时，可用药物进行诊断驱虫。

（4）动物死后做尸体剖检，可查出肠内的绦虫。

（五）防治方法

1. 预防

避免到潮湿牧地放牧，应选择清洁干燥的牧场放牧。用农牧耕作等方法消灭中间宿主，可大大减少地螨数量。尽可能避免雨后、清晨和黄昏放牧，以减少羊只食入地螨的机会。

2. 治疗

成虫期前进行驱虫，羔羊放牧后30~50天驱虫1次，经10~115天进行第二次驱虫。常用驱虫药物如下。

（1）丙硫咪唑。5~6mg/kg体重，1次口服或配成1%混悬液口服。

（2）硫双二氯酚。100mg/kg体重，加水1次口服，或包在菜叶中投喂。

（3）氯硝柳胺（灭绦灵）。75~80mg/kg体重，配成10%混悬液灌服。

（4）吡喹酮。10～15mg/kg体重，1次口服，疗效较好。

二、疥螨病

（一）流行特点

疥螨病又称疥癣病、癞病。是由疥螨科、疥螨属的疥螨寄生于羊皮肤内引起的皮肤病。以剧痒、脱毛、湿疹性皮炎和接触性感染为特征。羊患病后，毛的产量和质量都下降，为害很大，绒山羊普遍存在该病。

疥螨病是由病畜和健康畜直接接触而发生感染，也可由被疥螨及其卵污染的墙壁、垫草厩舍、用具等间接接触感染。疥螨病主要发生于冬季和秋末春初，因为这些季节日光照射不足，畜体毛长而密，湿度大，最适合其生长和繁殖。幼畜往往易患疥螨病，发病也较多。

（二）临床症状

该病始发于山羊嘴唇、口角、鼻梁及耳根，严重时会蔓延至整个头部、颈部及全身。绵羊主要病变在头部，患部皮肤呈灰白色胶皮样，称"石灰头"。病羊剧痒，不断在围墙、栏柱处摩擦患部，由于摩擦和啃咬，患部皮肤出现丘疹、结节、水疱甚至脓疱，以后形成痂皮和龟裂，严重感染时，羊生产性能降低，甚至大批死亡。

大群感染发病时，可见病羊身上悬垂着零散的毛束或毛团，接着毛束逐渐大批脱落，出现裸露的皮肤（图3-3、图3-4）。

（三）病理变化

病变为患部皮肤出现丘疹、结节、水疱甚至脓疱。

图3-3　眼上方疥螨病变　　　　　图3-4　病羊脱毛

（四）诊断方法

根据流行病学资料和明显的临床症状可以确诊。当症状不明显时，则需进行实验室诊断，采取患部皮肤病料，检查有无虫体。方法是：将病料浸入40～50℃温水里，置恒温箱中1～2小时后。将其倾入表面皿中，置解剖镜下检查。活螨在温热作用下由皮屑内爬出，集结成团，若见沉于水底部的疥螨即可确诊。

（五）防治方法

适用于病畜数量少、患部面积小和寒冷的季节。涂擦药物前。为使药物能和虫体充分接触，必须将患部及其周围处的被毛剪掉，并用温肥皂水彻底刷洗，除去痂皮和污物。然后用来苏儿刷洗1次，擦干后涂药。可用5%的敌百虫水溶液，配方是：来苏儿5份溶于100份温水中，再加入5份敌百虫即可，涂擦患部。

依维菌素，羊每千克体重0.2mg颈部皮下注射。

药浴疗法，主要适用病畜数量多和温暖季节，对羊最适用，既能预防，又能治疗。可用下列药物：0.025%～0.03%林丹乳

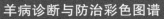

油水乳剂、0.05%辛硫磷乳油水剂。在药浴前应先做小群安全试验。

预防：畜舍要保持干燥、透光，通风良好。畜群密度不要过大。畜舍要经常清扫，定期消毒。经常观察畜群中有无发痒和掉毛现象，发现可疑病畜，及时进行隔离饲养和治疗，以免互相传染。羊每年夏季剪毛后，应及时进行药浴。

三、蜱虫病

（一）流行特点

羊蜱虫病是指寄生在羊体表的一类吸血节肢动物蜱所引起的疾病。蜱虫是常见的体外吸血寄生虫，可引起宿主贫血、消瘦、体温升高，影响羊的生长发育，对养殖业造成较大的经济损失。蜱又名草鳖、草爬子，可分为硬蜱科和软蜱科两种，感染羊只的为硬蜱。羊被蜱侵袭，多发生于放牧采食过程中，寄生部位主要在被毛短少部位，发病率很高，尤以羔羊和青年羊易患病，一般在70%以上，个别地方达100%。

（二）临床症状

（1）皮肤损害。蜱寄生较多时贫血，皮肤损伤引来皮蝇、锥蝇在伤口产卵生蛆。

（2）脓毒血症。吸血传入金黄色葡萄球菌，对成年羊引起怀孕羊流产，公羊不育。体温为40~41.5℃，持续9~10天。羔羊关节、腱鞘、肋骨、脊柱发出脓肿。

（3）蜱传热。由蓖麻子蜱吸血传入羊欧立希氏病体，体温为40~42℃（经2~3周减退），沉郁，消瘦，母羊肌肉强直、站立不稳。30%母羊流产，病死率为23%，羔羊很少表现临床症状。

（4）蜱麻痹。由安氏矩头蜱、钝眼蜱、全环硬蜱、蓖麻子蜱、外翻扇头蜱叮咬时注入毒素（4～6天发病），后肢虚弱，共济失调，在几小时内变成麻痹，麻痹可发展到前肢、颈和头。眼睛突出，引发贫血，病程为2～4天（图3-5、图3-6）。

图3-5　耳朵上沾满蜱虫　　　　图3-6　眼周沾满蜱虫

（三）病理变化

当羊被大量硬蜱侵袭时，由于过量吸血，加之硬蜱的唾液内的毒素进入机体后破坏造血器官，溶解红细胞，形成恶性贫血，使血液有形成分急剧下降。

（四）诊断方法

临床诊断：羊体可见有蜱。

（五）防治方法

（1）人工捕捉。如果饲养的羊数量不是很多，且在人员充足的情况下，可以采取人工捕捉除蜱的方法。可用尖嘴镊子在紧靠皮肤的地方沿着与皮肤垂直的方向拔出蜱虫，拔出蜱虫后如果伤

口出血，要进行止血，同时，用酒精或碘酊消毒。

（2）粉剂涂抹。可用3%马拉硫磷或5%西维因、2%害虫敌等粉剂涂抹在羊体表面，一般剂量为30g。在蜱虫活动季节，每隔7~10天处理1次，可以预防蜱虫的发生。

（3）药液喷涂。可用0.2%杀螟松或0.25%倍硫磷、1%马拉硫磷、0.2%害虫敌、0.2%辛硫磷乳剂喷涂畜体，剂量为200mL/次，每隔3周处理1次；也可用氟苯醚菊酯2mg/kg，1次背部浇注，2周后重复1次。

（4）药浴。选用0.05%双甲脒或0.1%马拉硫磷、0.1%辛硫磷、0.05%地亚农、1%西维因、0.002 5%溴氰菊酯、0.003%氟苯醚菊酯、0.006%氯氰菊酯等乳剂，对羊进行药浴。

四、焦虫病

（一）流行特点

羊的焦虫病是由蜱虫传播、羊泰勒焦虫引起的一种血液寄生虫病，临床上以高热、贫血、黄疸和体表淋巴结肿胀为主要特征。焦虫病是羊各种寄生虫病中为害较大的一种，一旦发生会给养羊业造成较大损失。

本病的传播媒介是青海血蜱的成蜱。由吸血蜱在吸血过程中致虫体进入羊体内，先侵入网状内皮系统的细胞（淋巴细胞、组织细胞、成红细胞），形成石榴体，再进入红细胞内寄生，从而破坏红细胞，引起各种临床症状和病理变化。

羊焦虫病的流行季节为5—8月，6—7月为发病高峰期（此时为蜱成虫活跃期）；2岁以下幼羊病势沉重，病期约1周，个别病羊突然发生死亡；外地引进的羊比当地的羊更易发病，且死亡率很高。

（二）临床症状

该病致使羊体温高达41℃以上，眼结膜初潮红，继而贫血、黄疸；采食减少至废绝，瘤胃蠕动减弱至完全停止，个别病例直至死前仍有食欲；病初粪便干燥，后期拉稀；体表淋巴结肿大似核桃，尤以肩前淋巴结最为明显，触诊有痛感，多数一侧大，另一侧小，两侧都肿大者较少；病羊迅速消瘦，精神委顿，低头耷耳、离群落后；直至衰竭而死。少数羊有血尿（图3-7）。

图3-7 精神沉郁、眼睛流泪

（三）病理变化

病变主要为肝脏肿胀、黄染，肾脏发黄、出血、变硬，脾脏高度肿胀，胆囊明显增大，皱胃黏膜溃疡、出血，肠管有坏死灶等（图3-8至图3-10）。

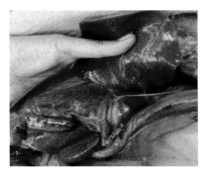

图3-8　肝脏肿胀、黄染

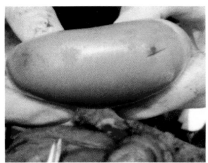

图3-9　肾脏发黄、出血

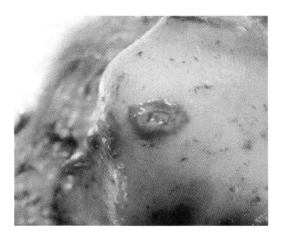

图3-10　皱胃黏膜溃疡

（四）诊断方法

（1）临床特征。高热、黄疸、体表淋巴结肿大。

（2）剖检变化。肝脾肿大、胃肠溃疡。

（3）实验室确诊。在病羊发病初期采血涂片，姬姆萨染色境检，在红细胞内看到圆形、豆点样虫体即可确诊。

（五）防治方法

1. 预防

灭蜱是预防本病的关键，尤其在春、夏易发病季节，每隔半月用3％敌百虫液或0.05％双甲脒药浴。搞好检验检疫，不从流行区引进羊只，新引进的羊只，做好隔离观察。

2. 治疗

（1）三氮脒（贝尼尔，血虫净）：5～7mg/kg稀释成5％的水溶液，深部肌肉分点注射，连用2～3天。

（2）咪唑苯脲：每千克体重1～3mg，配成10％溶液肌内注射。休药期28天。

（3）在治疗过程中配合适当的抗生素，防止继发感染；对于病重羊要强心补液，给以葡萄糖、右旋糖酐、三磷酸腺酐、樟脑磺酸钠等，以提高羊只抗病力。

五、球虫病

（一）流行特点

羊球虫病是由多种艾美耳球虫寄生于绵羊或山羊肠道上皮细胞所引起的一种寄生虫病，对羔羊为害严重。本病的特征是卡他性或出血性肠炎所导致的腹泻。

各品种的绵羊、山羊均有易感性，以羔羊最易感，成年羊一般为带虫者。流行季节多为春、夏、秋季。

（二）临床症状

病羊精神不振，食欲减退，被毛粗乱，腹泻，消瘦，贫血，发育不良，严重者死亡。粪便恶臭，其中，含有大量卵囊，体温有时升至40~41℃。

（三）病理变化

小肠病变明显，肠黏膜上有淡黄色、卵圆形斑点或结节，成簇分布。十二指肠和回肠有卡他性炎和点状或带状出血。肠黏膜上皮中可见发育阶段不同的球虫（图3-11、图3-12）。

 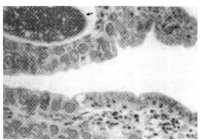

图3-11　球虫性肠斑点　　　　　　图3-12　肠组织中的球虫

（四）诊断方法

生前根据临床症状、流行特点可怀疑为本病，粪便检查发现大量卵囊即可确诊。死后剖检可查明典型病变，必要时，可做组织切片检查。

（五）防治方法

1. 预防

成年羊与羔羊应分群饲养。搞好环境卫生，保持牧场清洁干燥，注意饮水卫生，对粪便进行无害化处理。定期用3%~5%热氢氧化钠溶液消毒饲槽、用具等，发现病羊立即更换场地，并隔离治疗病羊。

2. 治疗

（1）磺胺甲基嘧啶0.1g/kg体重，口服，每日2次，连用1~2周。

（2）三字球虫粉1.2mg/kg体重，配成10%水溶液口服，连服3~5天。

六、细颈囊尾蚴病

（一）流行特点

细颈囊尾蚴病是由泡状带绦虫的幼虫——细颈囊尾蚴寄生于绵羊、山羊、黄牛、猪等多种家畜的肝脏浆膜、网膜及肠系膜所引起的一种绦虫蚴病。

该寄生虫在世界上分布很广，凡养狗的地方，一般都会有羊感染细颈囊尾蚴。

（二）临床症状

初感染时，能引起急性肝炎。成年羊症状表现不明显，羔羊症状明显。当肝脏及腹膜在六钩蚴的作用下发生炎症时，可出现体温升高，精神沉郁，腹水增加，腹壁有压痛，甚至发生死亡。经过上述急性发作后则转为慢性病程，一般表现为消瘦、衰弱和黄疸等症状。在少量寄生时，不呈现症状。感染严重者可出现贫血、虚弱、黄疸，如发生急性肝炎或腹膜炎时，体温升高，消瘦，寄生在肝内的包囊压迫肝组织，可引起肝功能障碍，有的可寄生在肺脏，而引起呼吸障碍。

（三）病理变化

慢性病例可见肝脏包膜、肠系膜、网膜上具有数量不等、大小不一的虫体泡囊，严重时，还可在肺和胸腔处发现虫体。急性病程时，可见急性肝炎及腹膜炎，肝脏肿大、表面有出血点，肝实质中有虫体移行的虫道，有时出现腹水并混有渗出的血液，病变部有尚在移行发育中的幼虫（图3-13、图3-14）。

图3-13　网膜上的细颈囊尾蚴虫体

图3-14　腹腔中取出的细颈囊尾蚴虫体

（四）诊断方法

细颈囊尾蚴病活体诊断困难，可用血清学方法，诊断时，须参照其临床症状，并在尸体剖检时发现虫体及相应病变才能确诊。

（五）防治方法

1. 预防

含有细颈囊尾蚴的脏器应进行无害化处理，未经煮熟严禁喂犬。在该病的流行地区应及时给犬进行驱虫，驱虫可用吡喹酮（每千克体重5～10mg）或丙硫咪唑（每千克体重15～20mg），1次口服。注意捕杀野犬、狼、狐等肉食兽。做好羊饲料、饮水及圈舍的清洁卫生工作，防止被犬粪污染。

2. 治疗

可试用吡喹酮，剂量按每千克体重50mg，每天1次，口服，连服2次。或可试用丙硫咪唑或甲苯咪唑治疗。

七、棘球蚴病

（一）流行特点

棘球蚴病也称为囊虫病或包虫病，俗称肝包虫病，是由数种棘球绦虫的幼虫——棘球蚴寄生于绵羊、山羊的肝脏、肺脏等脏器中所引起的一种严重的人兽共患寄生虫病。由于蚴体生长力强，体积大，不仅压迫周围组织使之萎缩和功能障碍，还易造成继发感染；如果蚴体包囊破裂，可引起过敏反应，甚至死亡。本病对绵羊的为害最为严重。

（二）临床症状

轻度感染和感染初期通常无明显症状；严重感染的羊被毛逆立，时常脱毛。肥育不良，肺部感染时有明显的咳嗽；咳后往往卧地，不愿起立。寄生在肝表面时出现腹泻。

（三）病理变化

病变主要表现在虫体经常寄生的肝脏和肺脏。肝、肺表现凸凹不平，重量增大，表面可见数量不等的棘球蚴囊泡突起；肝、肺实质中亦有数量不等、大小不一的棘球蚴包囊（图3-15、图3-16）。

（四）诊断方法

根据临床症状和病理变化诊断。

图3-15 肝脏切面凸凹不平

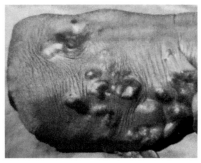

图3-16 寄生于羊肝表面的棘
球蚴囊泡

（五）防治方法

目前，尚无有效疗法。患棘球蚴病畜的脏器一律进行深埋或烧毁，以防被犬或其他肉食兽吃入；做好饲料、饮水及圈舍的清洁卫生工作，防止犬粪污染。驱除犬的绦虫，要求每个季度进行1次，驱虫药用氢溴酸槟榔碱时，剂量按每千克体重1.5~2.5mg，绝食12~18小时后口服；也可选用吡喹酮，剂量按每千克体重5~10mg口服。服药后，犬应拴留1昼夜，并将所排出的粪便及垫草等全部烧毁或深埋处理，以防病原扩散传播。

八、片形吸虫病

（一）流行特点

片形吸虫病是牛羊等反刍动物最主要的寄生虫病之一，也可发病于猪、马属动物和人等。它是由寄生于动物肝脏、胆管中的肝片形吸虫和大片形吸虫所引起的一种侵袭病。

病原有2种，即肝片形吸虫和大片形吸虫。该病呈地方性流行，多发生在低洼、潮湿的放牧地区。流行感染多在夏秋两季。

温度和阳光对肝片形吸虫的发育与毛蚴的孵化有促进作用，因而这些季节是肝片形吸虫毛蚴大量繁殖的重要季节。夏秋二季，气候温暖，雨量充沛，可使大量尾蚴滋浮，广泛在草叶上形成囊蚴，感染牲畜、造成肝片吸虫病的普遍流行。同时，由于囊蚴生活力极强，在湿润的自然环境下，能保持相当久的感染力。

（二）临床症状

片形吸虫病的临床表现因感染强度和羊机体的抵抗力、年龄、饲养管理条件等不同而有差异。轻度感染时患病羊只常不表现症状，感染数量多时（羊约50条成虫）即可表现症状，不过羔羊即使轻度感染也能表现症状。急性型片形吸虫病主要发生于羊，当羊在短时间内吞食了大量的囊蚴时，幼虫在体内的移行使羊在临床上表现为精神沉郁，体温升高，食欲降低至废绝，偶尔可见腹泻。随后患畜出现黏膜苍白，红细胞数及血红素显著降低等一系列贫血现象。严重病例在几天内即可死亡。慢性型羊片形吸虫病则是由寄生于肝胆管中的成虫引起的。临床表现患羊逐渐消瘦，黏膜苍白、贫血，被毛粗乱易脱落，眼睑、颌下、胸腹皮下出现水肿。食欲减退，便秘下痢交替发生，随着病程的延长羊的体质逐渐降低。最后死亡，一般病程可达1～2个月（图3-17）。

图3-17　患羊逐渐消瘦、头部水肿

（三）病理变化

消瘦贫血、水肿，肝脏变化明显。急性病例呈损伤性出血性肝炎，慢性病例多呈慢性胆管炎和肝炎。胆管内有大量虫体时，呈间质性肝炎，胆管壁因组织增生而增厚，黏膜增生或坏死脱落（图3-18、图3-19）。

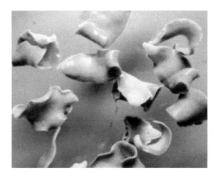

图3-18　肝片吸虫

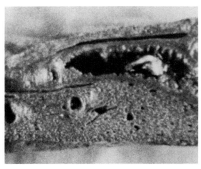

图3-19　肝切面上胆管壁增厚

（四）诊断方法

该病主要根据临床症状、流行病资料、虫卵检查及病理剖检结果作综合判断。

（1）虫卵检查以水洗沉淀法较好。

（2）羊的急性片形吸虫病的诊断则主要以病理剖检为主，把病死羊的肝脏撕碎后可以在水中查找片形吸虫的幼虫。

（3）免疫学检查。目前较常用的是一血三检技术，即斑点酶标三联诊断及间接血凝诊断技术。

（五）防治方法

在预防上，必须采取综合性防治措施，才能取得较好效果。

（1）定期驱虫。驱虫是预防和治疗的重要方法之一。驱虫的次数和时间必须与当地的实际情况及条件相结合。通常情况下，每年如进行1次驱虫，可在秋末冬初进行，如进行2次驱虫，另一次驱虫可在翌年的春季进行。

（2）粪便处理。羊粪便需经发酵处理杀死虫卵后才能应用，特别是驱虫后的粪便更需严格处理。

（3）放牧场地的选择。放牧应尽量选择地势高而干燥的牧场，条件许可时轮牧也是很必要的措施。

（4）注意不利用被囊蚴污染的水草。加强饲草和饮水的来源和卫生管理，也是一个比较重要的方面。

在治疗上：硫双二氯酚（别丁）用法：装于小纸袋1次投服，按每千克体重羊100mg用药。丙硫咪唑（抗蠕敏）用法：1次口服。羊按每千克体重10～15mg用药。硝氯酚（拜耳9015）用法：一次口服，按每千克体重羊4～6mg用药。

九、双腔吸虫病

（一）流行特点

羊双腔吸虫病是矛形双腔吸虫寄生于羊肝脏和胆囊内引起的以黏膜黄染、消化紊乱、水肿等为特征的寄生虫病。本病一年四季均可发病。其中，夏、秋两季多发，尤其是夏季多雨、炎热，更容易感染发病。羊吃了附着有囊蚴的水草而感染，各种年龄、性别、品种的羊均能感染，羔羊和绵羊的病死率高。本病常呈地方性流行，放牧的羊群发病较严重。

（二）临床症状

羔羊临床症状较为明显，急性感染时表现为精神倦怠、食欲减退、体质虚弱，放牧时离群落后；体温升高，出现轻度腹泻、黄疸，肝区有压痛表现，叩诊肝脏浊音区扩大。有的病羊在几天后死亡。

轻度感染则表现黏膜黄染、苍白，眼睑、颌下、胸下及腹下水肿，有的患病羊颌下水肿波及面部，致使其面部肿大。患病的母羊乳汁稀薄，怀孕羊出现流产，有的患病羊病后期头向后仰、空口咀嚼、卧地不起，最后衰竭死亡。

（三）病理变化

剖检可在肝脏内找到虫体。当虫体寄生较多时，可引起胆管卡他性炎症和增生性炎症，胆管周围结缔组织增生。眼观可见大、小胆管变粗变厚，肝脏发生硬变肿大，胆管扩张。矛形双腔吸虫感染时，可在胆管内发现棕红色、扁平的柳叶形虫体（图3-20、图3-21）。

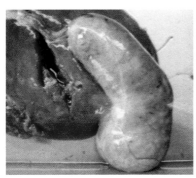

图3-20　胆囊扩张　　　　　　　图3-21　肝脏肿大

（四）诊断方法

（1）虫卵检测一般选取尼龙筛淘洗法或反复沉淀法检测。

（2）鉴别诊断应与肝片吸虫病相鉴别。

肝片吸虫感染时，能够发现长卵圆形、金黄色、大小为（116～132）mm×（66～82）mm的虫卵存在；双腔吸虫感染时，可以发现扁平而透明、呈柳叶状、体长5～15mm、宽1.5～2.5mm的活的棕红色虫体。

（五）防治方法

1. 预防

（1）定期驱虫。每年在2—3月和10—11月2次定期驱虫。最理想的驱虫药是硝氯酚，3～5mg/kg，空腹1次灌服，每天1次，连用3天。另外，可选择服用阿苯达唑、氯氰碘柳胺钠等药物。

（2）加强管理。采取轮牧方式或者放牧与舍饲相结合的方式，消灭中间宿主；适当延长舍饲的时间，待牧草长出一定高度后再行放牧，减少羊群啃食草根的概率；养鸡或化学药品可消灭蜗牛和蚂蚁（消灭中间宿主）。

（3）驱虫后的粪便处理要严格管理，不能乱丢，集中起来堆积发酵处理，防止污染羊舍和草场及再次感染发病。

2. 治疗

对病羊肌内注射氯氰碘柳胺钠5～10mg/kg；或者口服吡喹酮30mg/kg；或者口服阿苯达唑5～10mg/kg。其中，氯氰碘柳胺钠对绵羊双腔吸虫的驱杀效果好且毒副作用相对较小，可作为驱杀双腔吸虫的首选药物。

十、前后盘吸虫病

（一）流行特点

前后盘吸虫病是由多种前后盘吸虫寄生于反刍动物的瘤胃、

网胃和胆管壁上所引起的疾病。前后盘吸虫种类繁多，虫体大小、颜色、形状和内部构造不尽相同，其总体特征是：虫体呈圆锥形或圆柱状，肥实。该病遍及全国各地，南方较北方更为多见。主要发生于夏季、秋季。其中间宿主分布广泛，几乎在沟塘、小溪、湖沼、水田中均有大量小锥实螺，与本病的流行呈正相关（图3-22）。

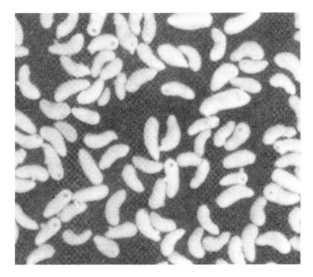

图3-22　前后盘吸虫

（二）临床症状

童虫在体内移行时患病羊会出现明显症状，病羊精神不振、厌食、消瘦，顽固性拉稀，粪便呈水样，恶臭，混有血液。发病后期，精神萎靡，极度虚弱，眼睑、颌下、胸腹下部水肿，衰竭死亡，成虫引起的症状是消瘦、贫血、下痢和水肿，但经过缓慢。

（三）病理变化

剖检可见尸体消瘦，黏膜苍白，唇和鼻镜上有浅在的溃疡，腹腔内有红色液体，有时在液体内还可发现幼小虫体。真胃幽门部、小肠黏膜有卡他性炎症，黏膜下可发现幼小虫体，肠内充满腥臭的稀粪。胆管、胆囊膨胀，内有童虫。成虫寄生部位损害轻微，在瘤胃壁和胃绒毛之间吸附有大量成虫（图3-23）。

图3-23　网胃黏膜上吸附着前后盘吸虫成虫

（四）诊断方法

（1）成虫寄生时，可用水洗沉淀法在粪便中查找虫卵，虫卵的形态与肝片吸虫很相似，但颜色不同。

（2）童虫引起的疾病，其生前诊断主要是结合症状，根据流行病学资料做出推断；用驱童虫的药物试治，如果在粪便中找到相当数量的童虫或者症状好转，即可作出判断。

（3）死后诊断可根据病变及大量童虫或成虫的存在作出确诊。

（五）防治方法

1. 预防

（1）定期驱虫。驱虫的次数和时间必须与当地的具体情况及条件相结合。如每年进行1次驱虫，可在秋末冬初进行；进行2次驱虫，另一次驱虫可在翌年的春季。

（2）及时对畜舍内的粪便进行堆积发酵，以便利用生物热杀死虫卵。尽可能避免在沼泽、低洼地区放牧，以免感染囊蚴。饮水用自来水、井水或流动的河水，并保持水源清洁卫生，有条件的地区可采用轮牧方式，以减少病原的感染机会。

（3）肝片吸虫的中间宿主椎实螺生活在低洼阴湿地区。消灭中间宿主可结合水土改造，以破坏螺蛳的生活条件。流行地区应用药物灭螺时，可选用20mg/L的硫酸铜溶液或2.5mg/L的血防67对椎实螺进行浸杀或喷杀。

2. 治疗

（1）硫双二氯酚。按每千克体重80～100mg，1次灌服。

（2）硝硫氰醚（7804）。按每千克体重35～55mg配制成悬浮液，1次灌服。

（3）氯硝柳胺（灭绦灵）。按每千克体重75～80mg，1次灌服。

第四章
羊的普通疾病

一、腹泻症

（一）主要病因

羊腹泻症即拉稀，是最为常见的一种羊病，多因饲养管理不当和微生物传播造成。腹泻可直接导致消化不好、吸收不良和生长发育迟缓，严重时常引起小羊和弱羊发生脱水而死亡。

发生腹泻常见原因有：过食或风寒造成的消化不良；大量摄入冰冷不洁饲料和饮水；胃肠道寄生虫所引起；饲草饲料霉变；慢性肠炎、部分微生物等。

（二）临床症状

消化不良引起的腹泻：体温一般正常，稀便中常带有未消化的草料残渣，粪便酸臭，但病羊仍保持一定的食欲。

胃肠道寄生虫引起的腹泻：体温一般也不高，腹泻较轻、时好时坏，吃喝基本正常，并可在病羊粪便中发现虫体。

霉变饲料引起的腹泻：有轻有重。

梭菌引起的腹泻：体温升高，精神沉郁，食欲减退或废绝，粪便恶臭，常带有黏液或血液，病情一般较重。羔羊多有神经症状（图4-1、图4-2）。

图4-1　正常羊粪便呈颗粒状　　　　图4-2　病羊粪便变软

（三）防治方法

（1）首先要消除和避免各种诱发因素，在母羊产前，羊舍应彻底清扫并用20％石灰水或2％氢氧化钠消毒。

（2）羔羊出生后要尽早让其吃上初乳，以增强自身免疫力。

（3）不要盲目应用止泻剂，以防毒素蓄积吸收。可口服吸附剂和肠道消炎剂，饮用口服补液盐或电解多维水，以防脱水；必要时，应用抗生素或输液等疗法。

二、佝偻病

（一）主要病因

佝偻病也称小羊骨软症，俗称弯腿症。佝偻病是幼龄羊钙磷代谢障碍引起骨组织发育不良的一种疾病，大多是由于缺乏维生素D和钙所引起，特征是生长骨的钙化作用不足，并伴有持久性软骨肥大与骨骺增大。临诊特征是生长发育迟缓、消化紊乱、异食癖、软骨钙化不全、跛行及骨骼变形。

佝偻病是羔羊在生长发育过程骨源性矿物质钙、磷代谢障碍及维生素D缺乏所致的一种营养性骨病。首先是日粮中钙、磷缺乏或比例失衡，其次是饲料或动物体维生素D缺乏。断奶过早或罹患胃肠疾病时，影响钙、磷和维生素D的吸收、利用；肝肾疾病时，维生素D的转化和重吸收障碍，导致体内维生素D不足。日粮中蛋白或脂肪性饲料过多，在体内代谢过程中形成大量酸类，与钙形成不溶性钙盐大量排出体外，导致机体缺钙。甲状旁腺功能代偿性亢进，甲状旁腺激素大量分泌，磷经肾排出增加，引起低磷血症而继发佝偻病。光照不足时，易发生该病。

（二）临床症状

羊佝偻病的临床表现早期为病羔呈现食欲减退，消化不良，精神沉郁，然后出现异食癖。经常卧地，不愿起立和运动。站立时低头、拱背，前肢腕关节屈曲，向前方外侧凸出，呈内弧形，后肢跗关节内收，呈"八"字形叉开。行走时，步态僵硬。有的腕关节、跗关节和肋软骨联合部肿胀明显。发育停滞，消瘦。下颌骨增厚和变软，出牙期延长，齿形不规则，齿质钙化不足，齿排列不整齐，齿面易磨损且不平整。严重者，口腔不能闭合，舌突出，流涎，采食困难。最后在面骨、下颌骨以及躯干、四肢骨骼出现变形，间或伴有咳嗽、腹泻、呼吸困难和贫血。其病理特征为骨组织钙化不全，软骨肥厚，骨骺增大（图4-3）。

（三）防治方法

1. 预防

加强妊娠母羊的饲养管理，供给充足的青绿饲料和青干草，补喂骨粉，增加日照和运动时间。羔羊饲养更应注意调整好日粮中钙磷的含量和比例，增喂矿物性补料骨粉、鱼粉、贝壳粉、钙制剂。

图4-3 腿部弯曲

2. 治疗

维生素D制剂80万～100万单位，肌内注射，维生素D_3 5 000～10 000单位，每天1次，连用1个月或8万～20万单位，2～3天1次，连用2～3周。还可用浓缩维生素AD也称浓缩鱼肝油0.5～1mL，肌内注射或混于饲料中给予。钙制剂一般与维生素D配合使用，碳酸钙5g，磷酸钙2g，乳酸钙5g，或甘油磷酸钙2g，内服，亦可用10%氯化钙液或10%葡萄糖酸钙液5～10mL，1次静脉注射。

三、羔羊肺炎

（一）主要病因

羔羊肺炎是羔羊生产中较为常见又极易发生的疾病，如果得不到很好地预防和治疗，会造成因肺炎和并发症所引起的大批羔羊死亡，给养羊业造成重大经济损失。

羔羊肺炎多发于1～3周龄羔羊，多与气温突变和舍温过低有关。阴雨连绵、潮湿阴冷、风雨袭击、圈舍不洁、氨味过浓是主要的继发因素。个别羔羊发病时和产程长、胎水异物吸入有关。

肺泡感染后，肺内炎性渗出液积于肺泡，影响气体交换，羔羊呼吸困难；严重时，肺小叶实变，则减少了呼吸面积，呼吸困难加剧；氧气不能交换、二氧化碳体内蓄积，造成酸中毒，加重了呼吸困难；由于肺淤血导致肺压升高，心肺循环障碍，心功能减弱；有毒有害物质包括微生物被吸收入血，败血症形成，加之心衰而最终死亡。

（二）临床症状

羔羊肺炎有较明显的临床特征。主要表现为食欲减退、精神倦怠；体温先升高后降低，口流清水，四肢僵硬；张口喘气，严重时，出现腹式呼吸；心跳加快、结膜发绀，伴有感冒时则流鼻液等。肺部听诊有明显啰音出现（图4-4、图4-5）。

（三）防治方法

1. 预防

做好羔羊肺炎防治既是育羔技术的关键环节，又是提高养羊效益的重要举措。主要针对1月龄以内羔羊抓好预防工作。

（1）保持羊舍温度恒定，防止羔羊感冒。

图4-4　张口喘气　　　　　　　　图4-5　呼吸困难

（2）在天气突变、温度忽高忽低时要注意采取保温措施。

（3）要按照预产期派专人在圈内守候，对新生羔羊及时给予护理，防止羊水异物吸入肺中。

（4）患有肺炎的羔羊要及时隔离，特殊护养。

2. 治疗

治疗前要分清肺炎发生的根本原因，消除致病因素，根据不同病因给予治疗。

四、瘤胃积食

（一）主要病因

羊瘤胃积食又称前胃积食，中兽医称之为宿草不转，是瘤胃充满多量食物，胃壁急性扩张，食糜滞留在瘤胃引起严重消化不良的疾病。多为饲养管理不当，1次或长期采食过多的某种饲料（如苜蓿、青饲）及养分不足的粗饲料，或1次喂过量适口饲料，或采食多量干料后饮水不足、缺乏运动等，使瘤胃内容物大量积聚。也可继发于前胃弛缓、瓣胃阻塞、真胃阻塞、真胃扭转等疾病。

（二）临床症状

羊只患病初期不断嗳气，随后嗳气停止，腹痛。后期精神委靡，瘤胃蠕动音消失，左侧腹下轻度膨大，肷窝略平或稍凸出，触诊硬实。呼吸迫促，脉搏增数，黏膜呈深紫红色。重者脱水，发生酸中毒和胃肠炎（图4-6、图4-7）。

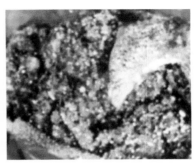

图4-6　瘤胃腹下膨大　　　　　图4-7　瘤胃内积食

（三）防治方法

避免大量饲喂干硬而不易消化的饲料，合理供给精料。冬季舍饲时，应给予充足的饮水，在饱食后不宜结大量饮水。

治疗原则是消导下泻，兴奋瘤胃蠕动，止酵防腐，纠正酸中毒，健胃补液。

消导下泻，排除瘤胃内容物。鱼石脂1～3g，陈皮酊20mL，石蜡油100mL，人工盐50g或硫酸镁50g，芳香氨醑10mL，加水500mL，1次灌服。

兴奋瘤胃，促进反刍。番木鳖酊15～20mL，龙胆酊50～80mL，加水适量，1次灌服。

强心补液。10%安钠咖5mL或10%樟脑磺酸钠4mL，静脉或

肌内注射。呼吸系统和血液循环系统衰竭时，用尼可刹米注射液2mL，肌内注射。

解除酸中毒。病期长的可静脉注射5％碳酸氢钠100mL，5％葡萄糖盐水200mL、25％安那咖2mL混合一次静脉注射。

中药治疗。选用大承气汤（大黄12g，芒硝30g，枳壳9g，厚朴12g，玉片1.5g，香附子9g，陈皮6g，千金子9g，木香3g，二丑12g），煎水1次灌服。

手术治疗。药物疗效不佳时，应迅速实施瘤胃切开术急救。

五、瘤胃异物

（一）主要病因

瘤胃异物主要原因是饲养和管理不当，使其误食了绳头、布料、塑料袋、废旧地膜、毛发、橡胶类等各种异物。有的是因饥饿，饥不择食而误食；有的是长期缺乏维生素、微量元素，造成异食癖而食之等。这些异物在瘤胃内是不能被消化的，久之则造成瘤胃蠕动迟缓、慢性瘤胃臌气、反刍嗳气障碍甚或阻塞网瓣胃孔，严重的会引发死亡。

（二）临床症状

病初病羊精神不振，食欲减退；继之反刍缓慢或停止，嗳气减少或消失，瘤胃蠕动次数减少且音弱波短，长期、反复出现瘤胃臌气。体温正常。病羊因消化不良、缺乏营养而出现腹泻和极度消瘦。怀孕羊流产，母羊泌乳减少至完全停止。临床药物治疗无效，以致死亡或淘汰。

剖检淘汰羊只，发现瘤胃存有不同的异物（图4-8、图4-9）。

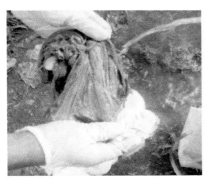

图4-8　瘤胃内取出塑料袋　　　图4-9　瘤胃内取出各种异物

（三）防治方法

（1）严格饲养管理，饲喂时间要固定，而且饲喂要均匀，防止出现饥饱不均。

（2）放牧草场要清洁，必要时，要仔细检查，发现异物要清理捡拾后方可放牧。

（3）饲草饲料配合要科学，维生素、微量元素等各种营养物质要齐全充足，避免发生异食癖病羊。

（4）瘤胃内有异物在临床上是很难诊断的。凡是长期、反复瘤胃迟缓，药物治疗无效，渐进消瘦的羊只，值得怀疑。应立即做瘤胃切开术，既能瘤胃探查，又能解除病变。临床治疗效果极佳。不要延误手术时机，更不要随意淘汰。

六、瘤胃酸中毒

（一）主要病因

羊只因过食精料，引发瘤胃微生物群紊乱，致使瘤胃壁发炎而大量积液，临床出现腹泻、脱水、自体中毒等一系列症状的疾病谓之瘤胃酸中毒。各种羊均有发生，但奶山羊多发。发病原因大多因管理不当羊只误食、偷食大量谷物，如玉米、小麦、高粱、煎饼糊、食用油等；或在羊饲料中误掺加了太多谷物饲料；或为了快速催肥而饲喂添加了过量谷物的饲料等，都会引起羊的瘤胃酸中毒。

在微生物区系发生紊乱后，大量有害菌如溶血性链球菌异常繁殖，造成严重的瘤胃炎。急性炎症造成大量的渗出液积于瘤胃内，造成脱水和腹泻；有毒液体吸收后便会出现自体中毒症状。

（二）临床症状

病初精神沉郁、食欲废绝、反刍停止，瘤胃轻度臌气；继而步态不稳，呼吸急促，心跳加快，瘤胃积液；后期目光呆滞，眼结膜充血，眼窝下陷，呈现严重脱水症状。

死前出现自体中毒表现：卧地、呻吟、流涎、磨牙、眼睑闭合，呈昏睡状态。常于发病后3～5小时死亡。

大部分病羊表现口渴，喜饮水，尿少或无尿，并伴有腹泻症状（图4-10、图4-11）。

图4-10　眼窝塌陷、结膜潮红　　　图4-11　眼睑闭合

（三）防治方法

1. 预防

（1）精料（重点是谷物类）喂量一定按饲养标准投给，对于产前产后易发病的羊只，应多喂品质优良的青干饲草。

（2）对需补喂精料增膘和催奶的羊群，可在日粮中按补喂精料总量的2%添加碳酸氢钠。

（3）加强羊群管理，防止偷食谷物饲料。

2. 治疗

（1）洗胃。插入胃管排出瘤胃内容物，然后用稀释后的石灰水1 000～2 000mL反复冲洗，或用0.01%高锰酸钾液反复洗胃，直至胃液呈中性清亮为止。抽出胃管前可投入普鲁卡因+青霉素粉（此病可口服青霉素）。

（2）静脉注射生理盐水或10%葡萄糖氯化钠溶液500～1 000mL+5%碳酸氢钠溶液20～30mL+抗生素。

（3）注意病羊表现兴奋甩头等症状时，及时应用20%甘露醇或25%山梨醇25～30mL给羊静脉滴注，降低颅内压，使羊安静。

（4）当病羊中毒症状减轻，脱水症状缓解，而仍卧地不起时，可给其静脉注射葡萄糖酸钙20～30mL。

七、碘缺乏症

（一）主要病因

碘缺乏症又称地方性甲状腺肿。绵羊较为常见。发病原因包括下列方面。

（1）原发性碘缺乏。主要是羊摄入碘不足。羊体内的碘来源

于饲料和饮水，而饲料和饮水中碘与土壤密切相关。土壤缺碘地区主要分布于内陆高原、山区和半山区，尤其是降水量大的沙土地带。土壤含碘量低于0.2～0.25mg/kg，可视为缺碘。羊饲料中碘的需要量为0.15mg/kg，而普通牧草中含碘量0.006～0.5mg/kg。许多地区饲料中如不补充碘，可产生碘缺乏症。

（2）继发性碘缺乏。有些饲料中含碘颉颃物质，可干扰碘的吸收和利用，如芜菁、油菜、油菜籽饼、亚麻籽饼、扁豆、豌豆、黄豆粉等含颉颃碘的硫氰酸盐、异硫氰酸盐以及氰苷等。这些饲料如果长期喂量过大，可产生碘缺乏症。

（3）长期饲喂含致甲状腺肿的饲料。

（4）化学及药物制剂的作用。用于治疗甲状腺功能亢进的药物、硫脲、铷盐等以及摄取过多的钙制剂，都会阻碍羊只对碘的吸收。

（5）其他因素。饲养管理不良，卫生条件不佳，羊只饮用或食用被污染的饮水或饲料后，均会发病。

（二）临床症状

成年绵羊只发生单纯性甲状腺肿，而其他症状不明显。新生羔羊表现虚弱，不能吮乳，呼吸困难，很少能够成活。病羔羊的甲状腺比正常羔羊的大，因此，颈部粗大，羊毛稀少，几乎像小猪一样。全身常表现水肿，特别是颈部甲状腺附近的组织更为明显。公羊性欲减退，精子品质低劣，精液量减少（图4-12）。

（三）防治方法

（1）预防。加强饲养管理，采用科学配方，添加多种矿物质及碘盐类物质以提高畜体免疫力。也可以在饮水中投放人用的碘盐，长期使用。

图4-12　新生羔羊颈部变粗

（2）治疗。建议用碘化钾或碘化钠治疗，每只羊每天5～10mg混于饲料中饲喂，或在饮水中每天加入5%碘酊或10%复方碘液5～10滴，20天为1个疗程，停药2个月再饲喂20天。

八、食毛症

（一）主要病因

羊食毛癖是由于母羊和羔羊日粮中维生素和矿物质不足，引起代谢紊乱，致使羔羊对羊毛表现一种病态的贪食。该病多发于冬季舍饲的细毛羔羊以及杂种羔羊，常造成羔羊死亡。

（二）临床症状

相互舔食被毛或啃土为特征，常吃大腿毛、体侧毛，尤爱吃尾部被粪便污染的毛。羊群中最初只有个别羔羊发生，随后逐渐增多，甚至波及全群。该病病程缓慢。毛舔食过多后在胃内形成毛球，胃肠由于受毛球刺激，遂引起腹痛、胀气、食欲障碍、拉稀和便秘等消化机能紊乱，逐渐消瘦，反刍迟缓，继而死亡（图4-13、图4-14）。

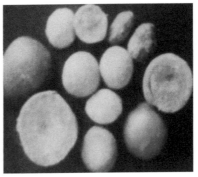

图4-13 病羊体表被毛大片缺失　　图4-14 病羊胃内形成毛球

（三）防治方法

1. 预防

（1）加强饲养管理，增加维生素或无机盐微量元素，补饲家畜生长素和饲料添加剂，增喂精料。

（2）改善母羊的饲养，丰富各种饲料养分，提高泌乳量。

（3）注意羊舍卫生，及时清除脱落的羊毛，在运动场内放置清水，让羔羊自饮。

2. 治疗

发现食毛症羔羊，可内服氯化钴或硫酸钴，每次3～5mg；或用硫酸铜治疗，每次10～20mg，如配合每周注射维生素B$_{12}$0.1～0.3mg，效果更好。

九、乳房炎

（一）主要病因

羊乳房炎是乳腺、乳池、乳头局部的炎症，多见于泌乳期的山羊、绵羊。特征为乳腺发生各种不同性质的炎症，乳房红肿、发热、疼痛，泌乳下降进而影响机能。

多见于挤乳技术不熟练，损伤了乳头、乳腺体；或因挤乳工具不卫生，使乳房受到细菌感染所致。也可见于子宫炎、结核病、脓毒败血症等继发感染。

（二）临床症状

1. 急性乳房炎

患病乳区发热、增大、疼痛。乳房淋巴结肿大，乳汁变稀，混有絮状或粒状物。重症时，乳汁可呈淡黄色水样或带有红色水样黏性液。同时可出现不同程度的全身症状，表现食欲减退或废绝，瘤胃蠕动和反刍停滞；体温高达41~42℃，呼吸和心搏加快，眼结膜潮红。严重时，眼球下陷，精神委顿。患病羊起卧困难，有时站立不愿卧地，有时体温升高持续数天而不退，急剧消瘦，常因败血症而死亡。

2. 慢性乳房炎

多因急性型未彻底治愈而引起。一般没有全身症状，患病乳区组织弹性降低、僵硬，触诊乳房时，发现大小不等的硬块，乳汁稀、清淡，泌乳量显著减少，乳汁中混有粒状或絮状凝块（图4-15、图4-16）。

（三）防治方法

1. 预防

每次挤奶前要用温水将乳房及乳头洗净，用干毛巾擦干。挤完奶后，应用0.2%~0.3%氯胺T溶液或0.1%新洁尔灭浸泡或擦拭乳头。

图4-15　乳房肿胀

图4-16　坏死性乳腺炎

　　改善羊圈的卫生条件，扫除圈舍污物，使乳房经常保持清洁。对病羊要隔离饲养，单独挤乳，防止病菌扩散。

　　乳用羊要定时挤奶，一般每天挤奶3次为宜。产奶特别多而羔羊吃不完时，可人工将剩奶挤出和减少精料。怀孕后期不要停奶过急。分娩前如乳房过度肿胀，应减少精料及多汁饲料。

2. 治疗

　　可用庆大霉素8万单位，或青霉素40万单位，蒸馏水20mL，用乳头管针头通过乳头2次注入，每天2次，注射前应用酒精棉球消毒乳头，并挤出乳房内乳汁，注射后要按摩乳房。或青霉素80万单位，0.5%普鲁卡因40mL，在乳房基底部或腹壁之间。用封闭针头分3～4次注入，每2天封闭1次。

　　乳房炎初期可用冷敷，中后期用热敷；也可用10%鱼石脂酒精或10%鱼石脂软膏外敷。除化脓性乳房炎外，外敷前可配合乳房按摩。对乳房极度肿胀，发高热的全身性感染者，应及时用卡那霉素、庆大霉素、青霉素等抗生素进行全身治疗。

十、子宫内膜炎

（一）主要病因

羊的子宫内膜炎是指子宫黏膜的炎症，是繁殖母羊一种常见的生殖系统疾病。此病是导致母羊不孕的重要因素之一。

多因难产时人工助产消毒不严引起子宫感染以及流产和胎衣停滞引起子宫内胎衣腐败分解而导致本病发生。

（二）临床症状

（1）急性子宫内膜炎常见频频努责、弓腰、举尾，外阴部污染，流出脓性、血性分泌物，尤其当卧地后，从阴道流出白色污秽样脓性分泌物。体温升高，食欲明显下降。

（2）若体温升至41℃以上，食欲废绝，精神高度沉郁，可视黏膜有出血点，则为败血性子宫内膜炎。

（3）慢性子宫内膜炎没有体温变化，食欲正常，唯有经常从阴道排出浆液性分泌物，正常发情，但是屡配不孕（图4-17、图4-18）。

图4-17　排尿姿势　　　　　图4-18　病羊弓腰、举尾

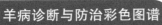

（三）防治方法

（1）助产时，应做好器械、术者手臂和羊的外阴部的清洁消毒工作。

（2）产羊后，要及时检查胎衣排出情况和子宫内是否还有未产出的胎儿，以便及时采取措施。

（3）子宫冲洗是必要且有效的治理措施之一：利用子宫冲洗器械，将消毒液注入子宫并导出，反复进行，直至导出的冲洗液透明为止。

（4）已出现全身症状的应及时应用抗菌药物，必要时，进行输液疗法。

十一、妊娠毒血症

（一）主要病因

羊的妊娠毒血症是妊娠末期母羊发生的一种亚急性代谢障碍性疾病。以低血糖、酮血症、酮尿症、虚弱和瞎眼为主要特征。奶山羊和绵羊发生较多。

一般认为本病的发生与碳水化合物和挥发性脂肪酸代谢障碍有关。母羊怀双羔、三羔或胎儿过大时需要消耗大量的营养物质，常为发病诱因。天气寒冷、缺乏运动和母羊营养不良是导致发病的重要原因。

绵羊妊娠血症主要发生在妊娠最后1个月，多在分娩前10～20天出现。各品种的母羊在怀第二胎及以后妊娠时均能发生。杂种羊易感性高，放牧羊比舍饲羊更易患病。

（二）临床症状

病初精神沉郁，常呆立，瞳孔散大，视力减退，意识紊乱。

以后黏膜黄染，食欲废绝，磨牙，反刍停止。呼吸浅快，呼出的气体有丙酮味。后期表现运动失调，严重时视力丧失，震颤，昏迷，多在1～3天死亡。剖检时，肝脏明显肿大，色黄或土黄，质脆弱易碎，有不同程度的胆汁淤滞，切面油腻，肝小叶充血，个别有坏死病变（图4-19）。

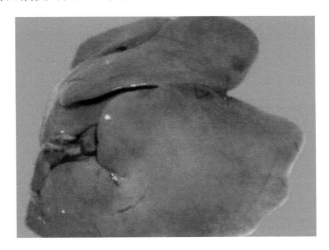

图4-19 肝脏肿大，呈红黄色

（三）防治方法

1. 预防

本病的关键是合理搭配饲料，保证母羊所必需的糖、蛋白质、矿物质和维生素。在妊娠期间，应提供专门的营养和管理，要避免极端的体质状态（如消瘦和肥胖）而保证中等营养状态。在妊娠最后2个月，饲料中的能量和蛋白质均应增加，每日供给精饲料250g，直至产前2周，每日精饲料应增至1kg。避免饲喂制度的突然改变，并且要增加运动。

2.治疗

治疗效多不理想。以肌醇作驱脂药，促进脂肪代谢、降低血脂、保肝解毒，效果较好。一般可用25%～50%葡萄糖注射液150～200mL，维生素C 0.5g，1次静脉注射，每日2次。也可结合应用类固醇激素治疗，如胰岛素20～30单位，肌内注射。如果以上方法无效，建议尽快施行剖宫产或人工引产。

十二、产后瘫痪

（一）主要病因

一是因产前营养不足或产后泌乳过多引起。表现为以血钙、血糖急剧降低，知觉、意识丧失，四肢麻痹、瘫痪为特征。

二是在怀羔期间营养不良导致体内钙磷比例失调而潜伏病的隐患，加上分娩应激使血钙降低，诱发神经机能失调而瘫痪。

（二）临床症状

母羊病初表现不安，肌肉震颤，喜卧，卧地起来及行走困难。一肢或数肢跛行。鼻干燥。眼迟钝，痛感反应降低（图4-20）。

图4-20　产后瘫痪

（三）防治方法

1. 预防

母羊怀羔期应多补喂促进母羊和胎羔骨骼发育钙化的钙源饲料，如骨粉、豌豆等。晴天中午，让孕羊多到户外阳光充足的地方活动晒太阳，增强羊的体质和抗病力。抓住母羊怀羔的有利时机，给病羊及时服药防治，消除病患。用0.5g葡萄糖酸钙片，1次8片，每日3次，可加维生素D同服，以促进钙的吸收，从而使羊体钙得到足够补充。

严格控制产后挤奶量，防止失钙引发产后瘫痪。母羊怀羔期已消耗了大量的营养物质，分娩应激使血钙降低。体质衰竭，抗病力低下。如果不顾羊体的健康状况，盲目大量地挤奶，会使血钙转入奶中，造成母羊大量失钙而引发产后瘫痪等疾病。

2. 治疗

一旦发病，即刻治疗。可采取静脉注射氯化钙或葡萄糖酸钙注射液，1次40mL，每日1～2次，皮下注射维丁胶性钙，1次5mg，每日2次。连续注射，直至痊愈。

乳房送风法。羊若瘫痪，让羊横卧，用导乳管（无尖静注针头也可）煮沸消毒后插入病羊乳头孔内，再把导乳管（或针头）接上打气筒，由一人固定好乳头插入的导乳管，另一人向乳房打气，打至充满但不坚实即可，然后用纱布条扎紧乳头1～2小时后解掉，其他乳头同样操作，间隔1小时再重复操作1次。通过向乳房送风，使乳房膨胀抑制泌乳，使血钙不降而升，治疗5小时后扶羊站立，逐渐康复。同时，用10%葡萄糖酸钙溶液200mL，10%葡萄糖溶液1 000mL混合后输液，12小时后再输液1次。

十三、阴道脱出

（一）主要病因

阴道脱出是阴道壁部分或全部外翻脱出于阴门之外的疾病。阴道黏膜暴露在外面，引起黏膜发炎、溃疡甚至坏死。怀孕后期极易发生。饲养不良是主因，真菌毒素是继发因素。由于营养不足，加以赤霉毒素的影响，致使阴道周围的组织和韧带弛缓；怀孕后期腹压增大，加大了阴道脱出的可能性。体弱、年老母羊更易发生。

（二）临床症状

临床上见有完全脱出和部分脱出2种。

完全脱出时，脱出的阴道如拳头大，也可见阴道连同子宫颈脱出。部分脱出时，仅见阴道入口部脱出，大小如桃。卧下时脱出物增大，站立时回缩略变小。

外翻的阴道黏膜发红、青紫，局部水肿。黏膜损伤后可形成出血或溃疡。病羊在卧地后，常被污物、垫草污染脱出阴道黏膜。严重者，可有体温升高等全身症状（图4-21、图4-22）。

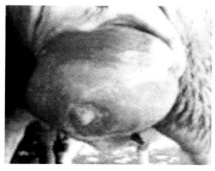

图4-21　阴道壁全部脱出

图4-22　阴道脱出并形成溃疡

（三）防治方法

（1）孕羊应加强饲养、全价营养，防止阴道脱出。

（2）对已脱出的阴道壁，用0.1％高锰酸钾温溶液清洗，水肿严重时可针刺放液，减小体积，以利回送。局部涂擦抗生素软膏后，用消毒纱布托住脱出部分，由基部缓慢推入骨盆腔，基本送完时，用拳头顶进阴道。为防止再脱出，可做减张缝合使阴门固定；也可在阴门两侧深部注射刺激剂，使阴唇肿胀固定；对形成习惯性脱出者，可用粗线对阴道壁与臀部之间做缝合固定。

（3）应用抗生素和补中益气中药。

十四、子宫脱出

（一）主要病因

羊多为秋配春繁，而此时正是枯草季节，多数母羊以玉米秸等为饲料，膘情较差，尤以老龄且怀羔较多的母羊更为突出，分娩时表现产羔无力、难产。产后常发生，产后瘫痪和子宫脱出等疾病。

母羊怀孕期间由于饲料及运动不足，饲养管理不良，体质虚弱，以及经产老龄羊阴道及子宫周围组织过度松弛，因而易发生子宫脱出；胎儿过大及双胎妊娠，可引起子宫韧带过度伸张和弛缓，产后也易产生子宫脱出；产道干燥，助产努责剧烈时，抽出胎儿过猛，则易引起子宫脱出；便秘、腹泻、子宫内灌注刺激性药液，努责频繁，腹内压升高，也可发生本病。

（二）临床症状

病羊心跳加快，呼吸加快。结膜发绀，烦躁不安，有时仍有努责现象。子宫完全脱出的病羊，由于频频努责，疼痛不安且有出血现象的，若不及时采取措施，常会发生出血性或疼痛性休克死亡，有因子宫脱出较久，精神出现沉郁的病羊，也常由于全身衰竭而死亡（图4-23）。

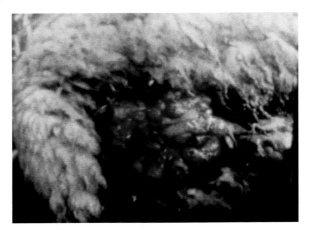

图4-23　从阴门中脱出红色，拳头大的子宫阜

（三）防治方法

1. 预防

平时加强饲养管理，保证饲料质量，使羊身体状态良好；怀孕期间，保证羊有足够的运动，以增强子宫肌肉的张力；多胎的母羊，在产后14小时内必须细心注意观察以便及时发现病羊，尽快进行治疗；胎衣不下时，绝不要强行拉出；产道干燥时，拉出胎儿之前，应给产道内涂灌大量油类，以预防子宫脱出。

2. 治疗

实施子宫手术，早期整复可以使子宫复原。步骤如下：首先剥离胎衣，用3%冷明矾水清洗子宫，然后将羊后肢提起，将子宫逐渐推入骨盆腔，并使用脱宫带防止子宫再次脱出。在无法整复或发现子宫壁上有很大裂口、大的创伤或坏死时，应施行子宫摘除术。

十五、胎衣不下

（一）主要病因

羊的胎衣不下是指怀孕羊在产后4~6小时，胎衣仍未排出。本病在羊群中发生率较低。发生本病多因怀孕羊缺乏运动，饲料中缺乏钙盐、维生素，蛋白质饲喂不足等，致母羊饮饲失调，营养不良，体质虚弱。从解剖结构上来看，羊的子宫具有子宫阜，和胎衣是紧密连接在一起的，客观上胎衣排出要慢一些。此外，子宫炎、布氏杆菌病等可导致胎衣粘连。羊缺硒可致胎衣不下。

（二）临床症状

临床上可见病羊食欲减少或废绝，精神较差；喜卧地、弓腰、努责、下蹲；常见阴门外悬垂露出的部分胎衣；胎衣滞留2天不下者，则可发生腐败，从阴门流出污红色腐败恶臭的恶露，其中，杂有灰白色未腐败的胎衣碎片等。当全部胎衣不下时，部分胎衣从阴户中垂露于后肢跗关节部（图4-24）。

（三）防治方法

（1）产后不超过24小时的，可应用垂体后叶素注射液、催产素注射液或麦角碱注射液0.8~1mL，1次肌内注射。

（2）应用药物疗法已达72小时而不见效者，宜手术取出胎衣。

图4-24 弓腰、努责、下蹲

保定好病羊，按常规准备及消毒后进行手术，术者一手握住外露的胎衣并将其拧成绳索状，稍用力向外牵拉；另一手沿胎衣表面伸入子宫轻轻剥离胎盘。一边剥离一边拧绳一边外拉，直至胎衣全部拉出。

向子宫内灌注抗生素或防腐消毒药液，防止发生子宫内膜炎。

参考文献

陈怀涛. 2017. 羊病诊治原色图谱[M]. 北京：机械工业出版社.

李继仁. 2015. 牛羊养殖与疾病防治技术[M]. 西安：西安交通大学出版社.

姜明明. 2018. 牛羊生产与疾病防治[M]. 北京：化学工业出版社.

马利青. 2018. 肉羊疾病诊疗图鉴[M]. 北京：中国农业科学技术出版社.

吴心华，刘艳娟. 2017.肉羊快速育肥与疾病防治[M]. 北京：机械工业出版社.

易宗容，阳刚，郭蓉. 2016. 牛羊生产与疾病防治[M]. 北京：中国轻工业出版社.